빛깔있는 책들 301-18

강화도

글, 사진/이형구

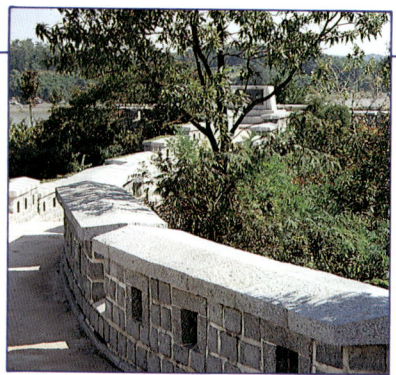

대원사

이형구 ———————

홍익대학교 졸업, 국립대만대학교 고고
인류학과 석사, 역사학과에서 박사 학위
를 받았다. 대만고궁박물관 객원연구원,
대만 중앙연구원 역사어언연구소 객원
연구원, 한국정신문화연구원(현 한국학
중앙연구원) 역사연구소 교수, 한국학대
학원 교수, 중국 북경대학 고고학과 객
좌교수, 선문대학교 교수를 역임했다.
현재 문화재청 문화재전문위원이며 동
양고고학연구소 대표를 맡고 있다.
저서로『발해연안에서 찾은 한국 고대
문화의 비밀』『한국 고대문화의 비밀』
『광개토대왕릉비신연구』『한국고대문화
의 기원』『서울 풍납토성(백제왕성) 실
측조사연구』『강화도 고인돌무덤(지석
표) 조사연구』『단군을 찾아서-단군릉
발굴 학술보고집』등과 역서로『갑골학
60년』과 다수의 논문이 있다.

빛깔있는 책들 301-18

강화도

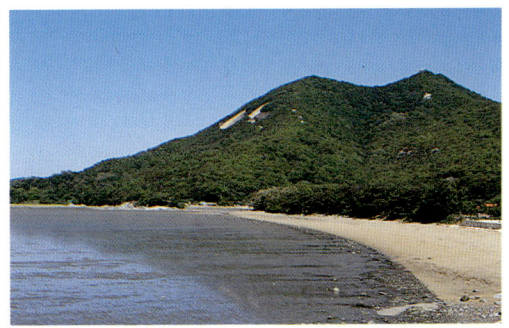

강화도

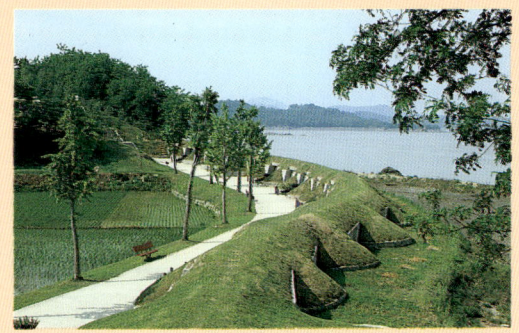

머리글

　강화도(江華島)는 우리나라 중부를 흐르는 한강(漢江)의 관문으로 서해안에 자리잡고 있는 섬이다. 크기는 비록 제주도와 거제도보다 작지만 선사 시대부터 많은 사람들이 살기 시작하여 지금도 강화도에는 그때에 세워진 고인돌 무덤이 많이 남아 있다.

　이 고인돌 무덤은 우리나라 청동기시대에 강화도에 살던 사람들 가운데 막강한 지배층의 지도급 인물이 묻힌 무덤이다. 땅 위에 사방으로 넓은 돌을 세우고 죽은 이를 묻은 다음 그 위에 또다시 넓은 돌을 덮었다. 과학 기술이 발달한 지금도 운반하기 어려운 큰 돌을 수십리 밖에서 어떻게 옮겨 놓았는지 알 수가 없다.

　강화도에서는 그 어느 시대보다도 고려시대에 우리 민족이 잊지 못할 역사가 전개된다. 고려 때에는 1231년에 몽고(蒙古)로부터 침입을 당하여 왕을 비롯한 고려 왕실은 물론이고 조정의 모든 관료 신하들까지 강화도로 천도(遷都)하여 무려 39년(1232~1270)이란 긴 세월을 몽고 병들과 대치한 역사를 남기기도 했다. 그래서 지금도 강화도에는 고려시대의 왕궁터가 남아 있고 고려의 강화 왕궁을 둘러쌓았던 성곽의 일부도 흔적으로나마 남아 있다. 일제시대부터는 강화도 일대의 산속에서 무덤을 파는 도굴꾼들이 고려시대의 고분을 파서 고려 청자와 여러 가지 유물들을 몰래 훔쳐내었다.

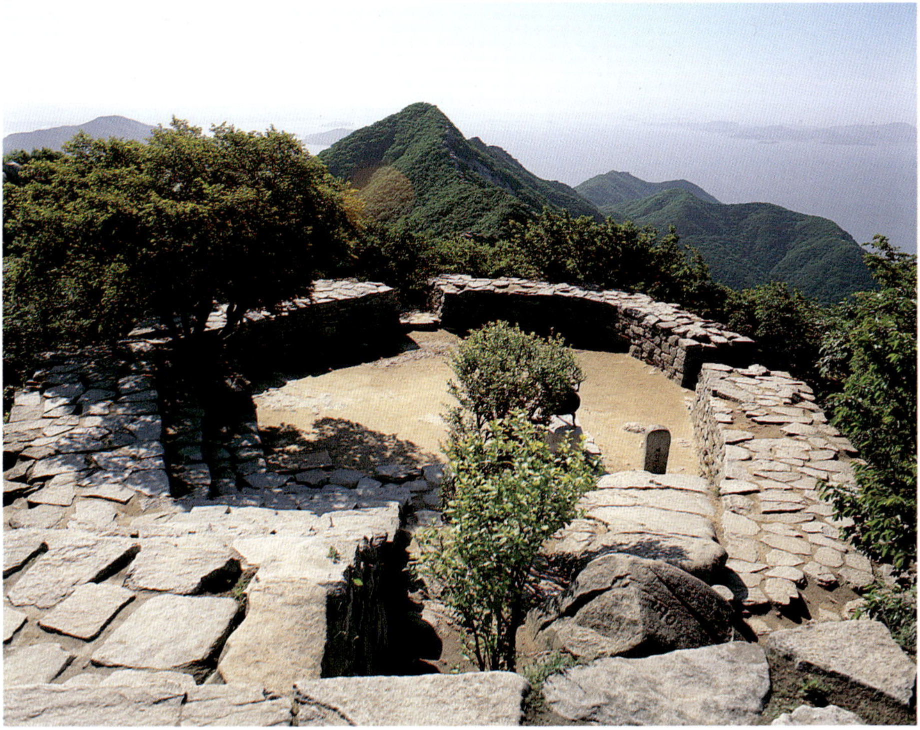

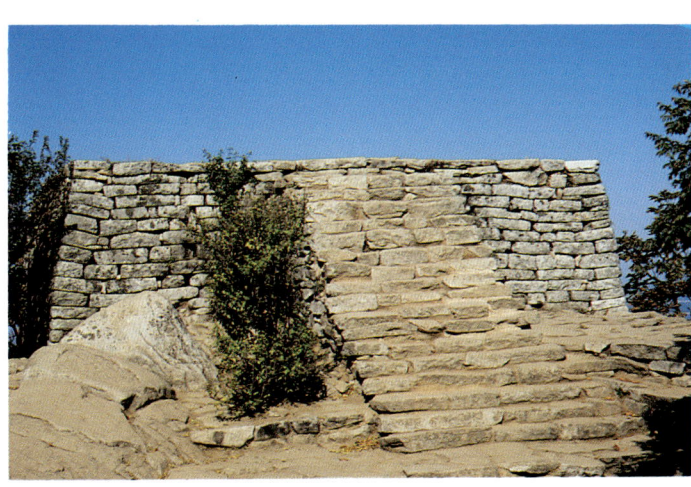

마니산 참성단 전경 참성단의 구조는 상방하원(上方下圓)이다. 위는 참성단의 아랫부분, 왼쪽은 참성단의 윗부분 영역이다.

고려시대 강화도 도읍(江都) 시대에는 우리가 너무도 잘 아는 팔만대
장경을 이곳 강화도에서 16년 동안 제작하여 불심(佛心)으로 나라를
지키고자 하였다. 그리고 강화도 남단에 있는 마니산 꼭대기에는 참성단
(塹城壇 또는 塹星壇)을 중건하여 하늘과 단군 임금께 제사지내고 우리
민족을 하나로 뭉치게 해서 외적에 대항하여 나라를 지키는 원동력이
되게 하였다. 지금도 개천절에는 이곳 참성단에서 하늘과 단군 임금께
제사를 지낸다.

　조선시대에는 인조 때(1636년)에 만주 지방에서 일어난 청(淸)의
태종이 쳐들어오므로 먼저 왕자를 비롯하여 비빈(妃嬪), 왕실 귀족과
신하들이 모두 강화로 피란하였으나 인조는 미처 강화로 가지 못하여
남한산성으로 피란하였다. 그러나 남한산성보다 먼저 강화도가 적의
손에 넘어가게 되어 인조는 청나라에 굴욕적인 항복을 하게 되었다.
이 전란을 조선 역사상 병자호란(丙子胡亂)이라고 하는데 이때도 강화도
는 조선 조정을 지키는 데 매우 중요한 역할을 했다.

　이후 효종과 숙종은 외적에 대비하기 위해 강화도 해안 전역에 5개의
진(鎭)과 7개의 보(堡), 8개의 포대(炮臺), 53개의 돈대(墩臺) 그리고
8개의 봉수(烽燧)를 쌓았다. 지금은 대부분 훼손되었으나 그 가운데
진·보·돈대 몇 개만을 1976년에서 1977년 사이에 복원해 놓았다.

　조선 말기에는 서양 사람들이 통상을 하기 위해 우리나라를 여러
번 압박하였으나 이때마다 강화도에서 대항하여 크게 이김으로써 나라
를 구하였다. 그 첫번째가 1866년에 프랑스 전함이 한강 어귀 강화도에
까지 들어오는 것을 아군이 크게 싸워 이긴 사건으로 이를 병인양요
(丙寅洋擾)라 한다. 5년 뒤(1871년)에 미국의 함대가 쳐들어와서 강화
도에 상륙하려 하였으나 역시 잘 막아 내었는데 이것이 신미양요(辛未洋
擾)이다. 그러나 이로부터 4년 뒤(1875년)에는 일본 군함이 강화에
침입하여 이른바 운양호(雲揚號)사건을 일으키고 이듬해(병자년)에도
대형 군단을 보내 강화도에 상륙한 뒤 조선 점령의 서막이라 할 '강화도

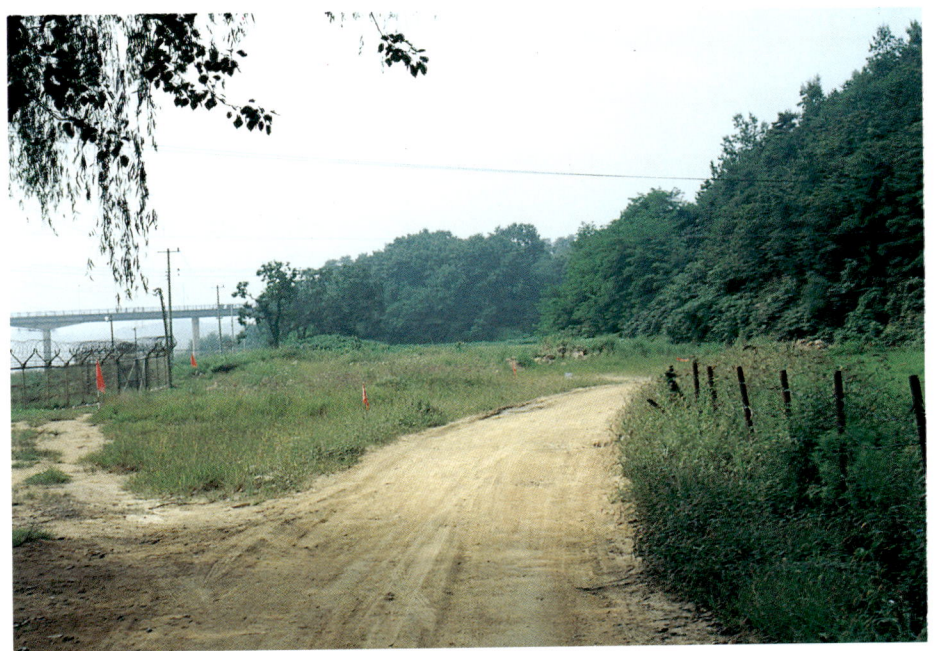

강화 갑곶나루 선착장 경기도 김포군 월곶면 성동리 문주산성의 서문인 산성포에서 나룻배로 첫번째 강화 갑곶나루에 닿는다. 세종 때 박신(朴信)이 간조시에 개펄을 건널 수 있도록 만든 석축로가 있다.

조약'을 강제로 맺었다. 이로부터 얼마 뒤에 조선은 일본에 강제로 병합되었다.

이와 같이 강화도가 외적에 넘어가면 곧이어 우리나라 전국토가 무너졌는데 이는 강화도가 외적의 침입을 막아 내는 중요한 지역이었기 때문이다. 따라서 역사상 국난 극복의 상징인 강화도는 우리나라의 성지(聖地)임에 틀림없다.

강화도가 지니는 의미를 생각해 볼 때 지금도 곳곳에서 허물어져 가는 강화 사적을 진정한 국가의 성지로 관리하는 일이 시급하다. 이와 아울러 강화도의 역사와 문화, 사회, 문물 등 전반에 걸친 연구를 수행하는 강화학(江華學)이 새롭게 조성되기를 기대해 본다.

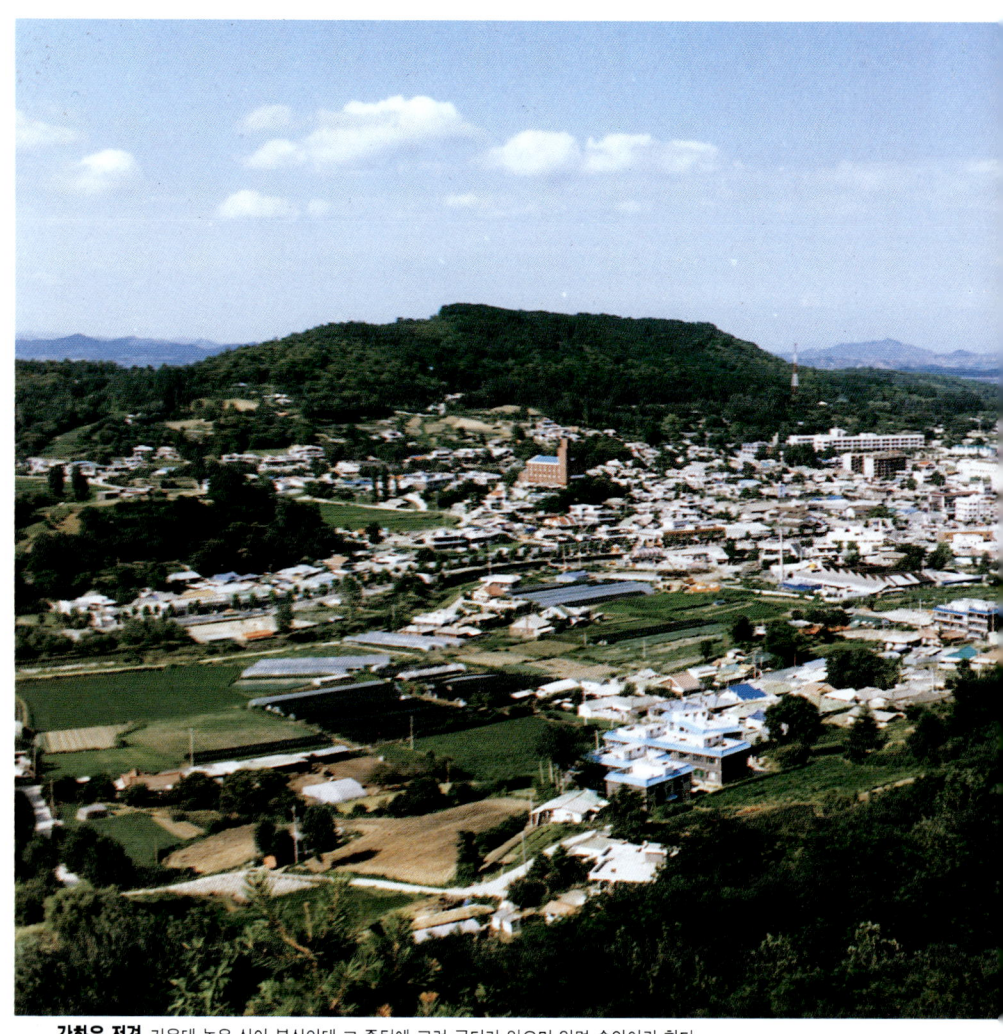

강화읍 전경 가운데 높은 산이 북산인데 그 중턱에 고려 궁터가 있으며 일명 송악이라 한다.

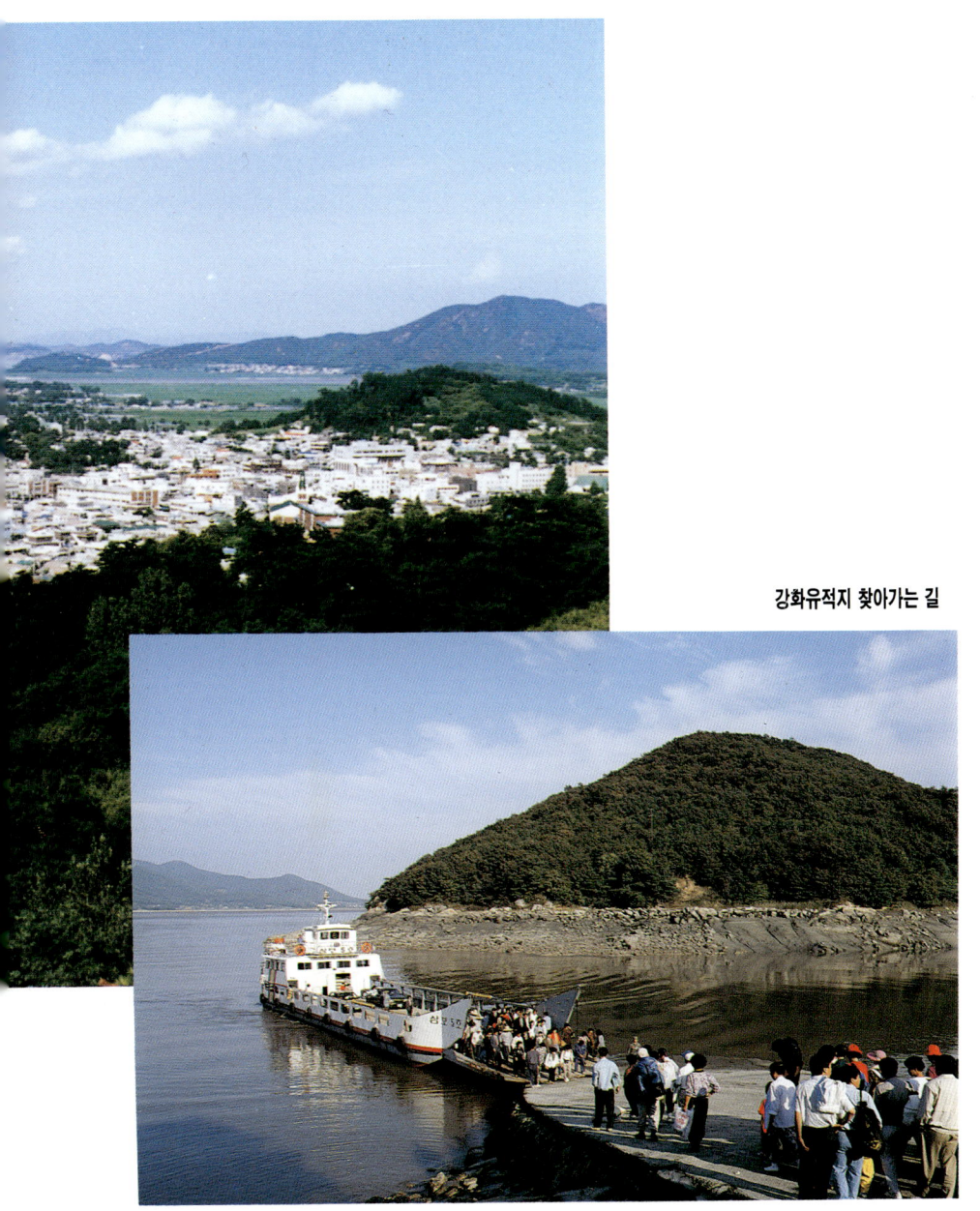

강화유적지 찾아가는 길

지리와 환경

　강화도는 우리나라 중부를 흐르는 한강의 관문이자 우리나라에서 다섯 번째 큰 섬으로 서해안에 자리잡고 있다. 그런데 강화도는 무엇보다도 한강, 예성강, 임진강의 3대 하천 어귀에 있으면서 천연의 요새를 이룬다는 점에서 중요하다.

　강화도는 원래 한반도 마식령 산맥의 김포 반도에 이어진 내륙이었으나 오랜 세월의 침강으로 내륙이 바다 밑으로 가라앉은 뒤 낙조봉(343미터), 고려산(436미터), 혈구산(461미터), 마니산(468미터) 등이 형성되면서 여러 개의 구릉으로 둘러싸인 섬이 되었다. 그 뒤 한강과 임진강의 퇴적 작용으로 다시 김포 반도와 연결되었으나 염하(鹽河, 강화해협)가 한강에서 분류되어 머리 부분을 침식, 물길을 이루면서 하나의 섬으로 남게 되었다고 한다. 현재는 1970년에 개통된 693미터 길이의 강화대교가 강화해협을 가로지르며 육지와 섬을 잇고 있다.

　행정 구역상 강화군은 사람이 살고 있는 11개 섬과 사람이 살고 있지 않은 16개 섬으로 이루어져 있다. 강화도의 지형은 남북 길이가 28킬로미터, 동서 길이가 16킬로미터, 둘레가 112킬로미터인 타원형으로 총면적은 407.7제곱 킬로미터가 된다. 강화군의 행정 구역은 1개 읍, 12개 면, 16개 리이며 자연 촌락은 모두 313개이다. 여기에 2만 730호, 73만 555명(92년 1월 1일 현재)이 살고 있다. 군청은 강화읍 관청리에

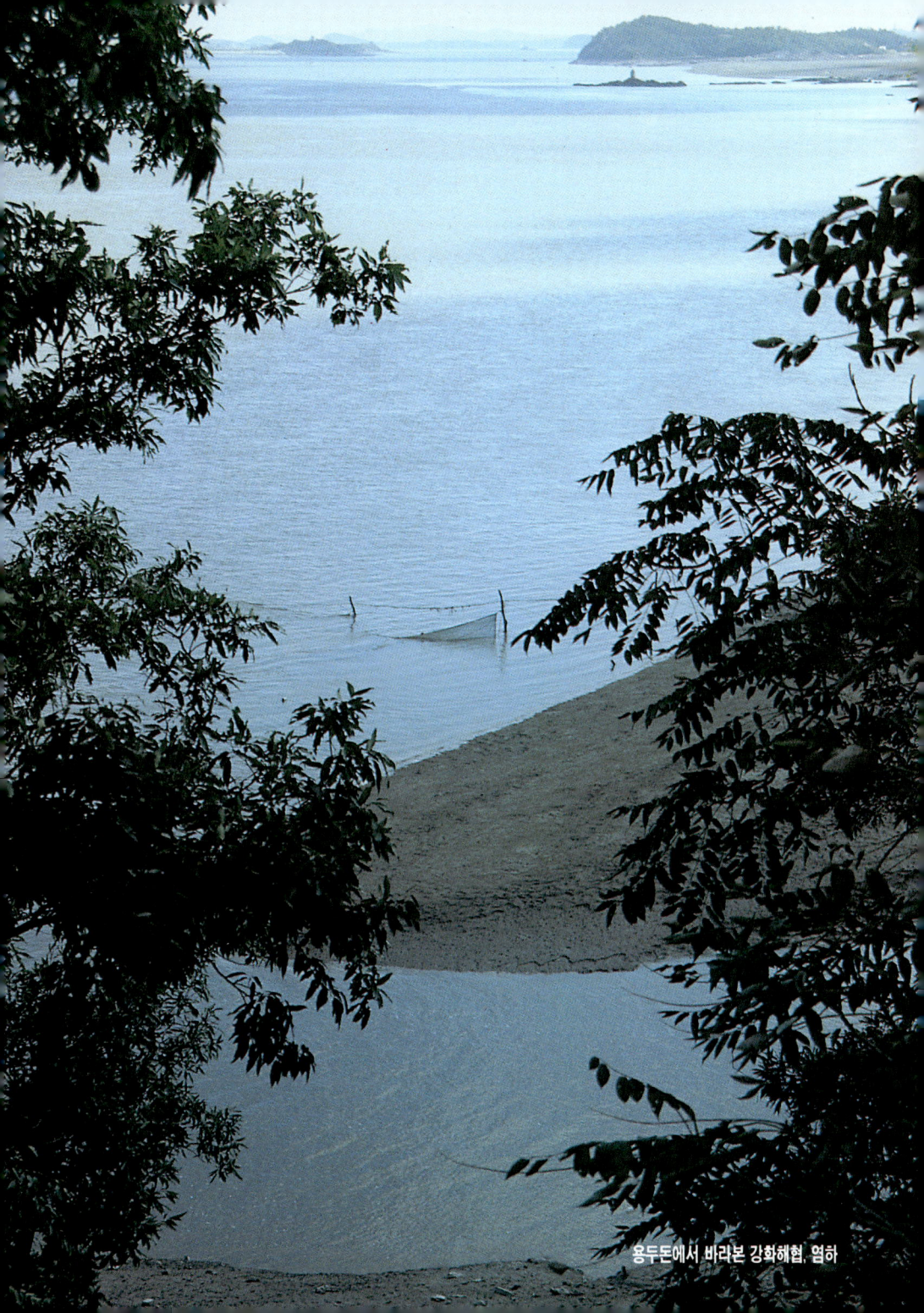

용두돈에서 바라본 강화해협, 염하

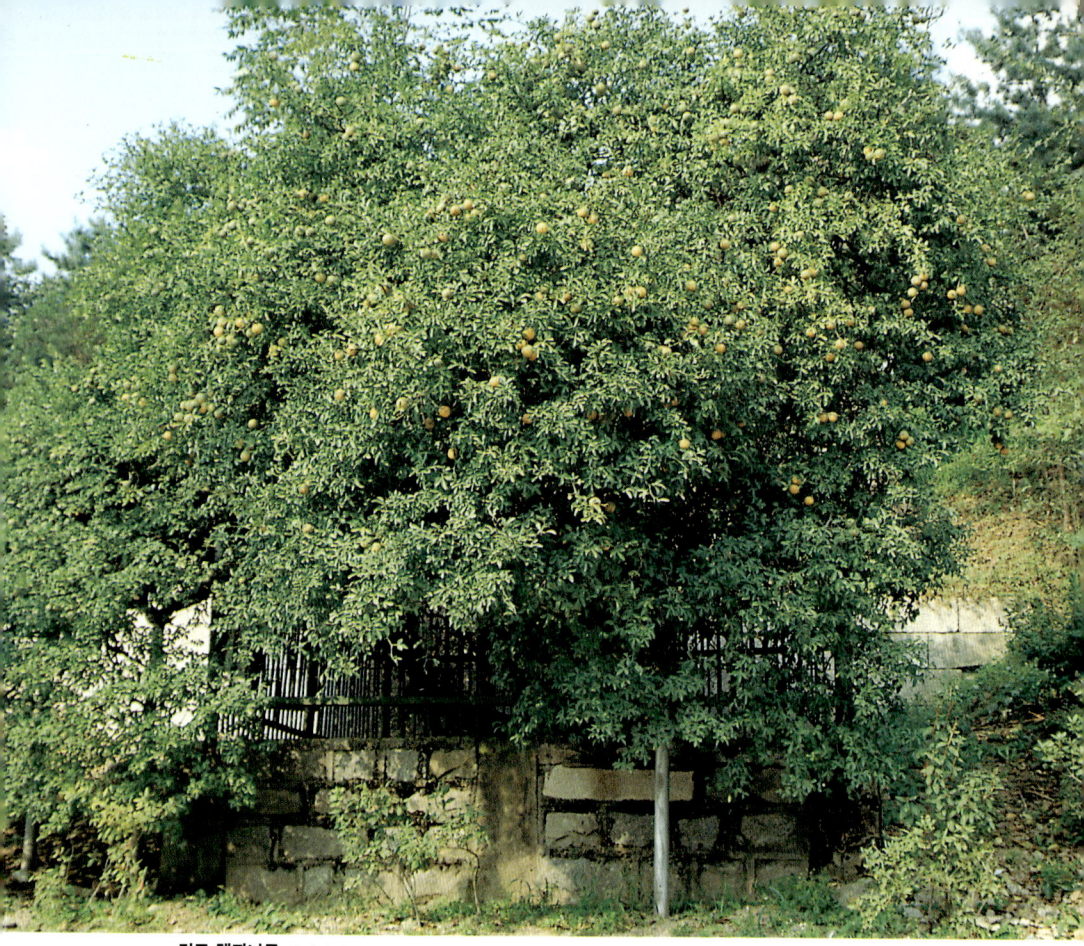

갑곶 탱자나무 우리나라에서 가장 북쪽에 자생하고 있는 탱자나무로 천연기념물 제78호이며 수령 400년이나 된다.

소재하고 있다. 강화군에는 모두 31개 국민학교, 10개 중학교, 7개 고등학교가 있으나 아직 전문대학 수준 이상의 고등 교육 기관은 없는 실정이다.

강화의 지질은 약 80퍼센트가 경기편마암 복합체 가운데 화강암질편마암(화강편마암)이며 대체로 흑운모편마암, 석영편마암, 장석편마암 등으로 분류된다. 특히 강화도 남쪽 끝 마니산에는 마니산화강암 곧 흑운모화강암, 각석화강암 등으로 분류되기도 한다.

강화 해안 지대는 30미터에서 40미터 높이의 완만한 경사면을 가진 구릉 모양으로 나타나는데 이는 이른바 저위 침식면 가운데 아래쪽 끝에 속하는 것으로 현재는 작은 하천에 침식당하고 있다. 이런 구릉지는 마을이 자리잡을 수 있는 좋은 입지를 제공하고 경작지로도 이용되며 홍수나 해일과 같은 자연 재해를 피할 수 있는 유리한 조건이다. 관개용으로 이용할 수 있는 하천은 충분하지 못하나 땅은 비교적 기름진 편이어서 농업 발달면에서 좋은 환경이 된다. 경기도 일대에 장마가 져도 강화에 큰 피해가 없는 것은 이러한 지형 조건 때문이다.

강화의 경작지는 하구 유역 안의 충적지와 간척한 농경지 및 저구릉지를 합쳐 전체 면적의 43.6퍼센트를 차지하는데 그 가운데 3분의 2 이상이 논이다.

강화의 기후는 기온의 연교차가 심하지 않고 대체로 따뜻한 편이다. 연평균 기온도 11.1도이며 강우량도 연평균 1,005밀리미터(1992년 1월 1일 현재) 정도로 농사짓기에 매우 좋다. 남쪽에서 주로 자라는 탱자나무가 화도면 사기리와 강화읍 갑곶리 일대에 자라는 것도 이 때문이다. 천연기념물 제78호로 지정된 강화 갑곶리의 탱자나무와 제79호인 강화 사기리의 탱자나무가 대표적인 예다. 또한 강화군 서도면 바닷가에서 그 당당한 자태를 뽐내고 있는 은행나무도 천연기념물 제304호로 지정되어 보호받고 있다.

강화의 특산물로는 강화 쌀을 비롯해서 인삼, 고추, 영지버섯, 감, 순무, 새우젓, 김 그리고 왕골과 화문석이 잘 알려져 있다. 이 가운데 인삼은 1900년대 초에 재배되기 시작한 것으로 강화도에 들어서면 흔히 볼 수 있는 발이 덮인 인삼밭은 새로운 풍물적 요소이기도 하다. 현재 인삼 경작 인원은 1,190명이고 재배 면적은 모두 1,676제곱 미터이다 (1992년 1월 1일 현재). 또한 왕골을 곱게 물들여 짠 화문석은 그 촘촘하고 고운 문양으로 널리 알려져 있는데 화문석 장(場)이 따로 설 정도로 농한기 강화군민들의 주된 수입원이었으나 최근에는 중국산 대자리

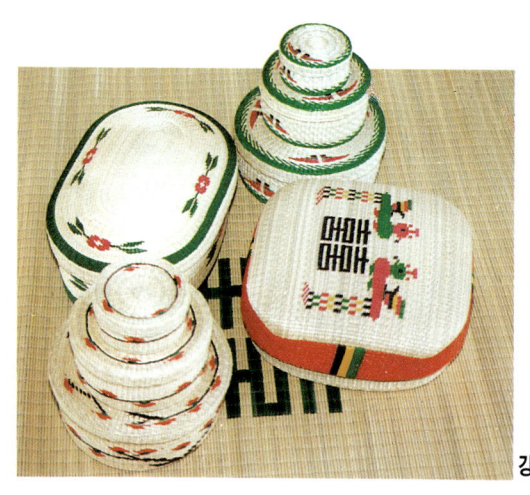

강화 명물인 화문석과 꽃삼합

에 밀려 그 수요가 줄어듦에 따라 왕골 공예에 종사하는 가구는 1990
년보다 반이나 줄어 모두 2,500가구 정도밖에 되지 않는다. 강화도는
사면이 바다로 둘러싸여 있으나 대부분 개펄이어서 어업 활동은 다른
섬에 비해 비교적 부진한 편으로 현재 557가구, 2만여 명이 수산업에
종사하고 있다(1992년 1월 1일 현재).

강화도 남단 길상면, 화도면 개펄(약 1,500만 평)은 쇠청다리도요새
사촌, 노랑부리백로 등 희귀 조류를 비롯하여 한국산 게 17종 가운데
13종이 서식하고 있으며 민꽃새우, 젖새우, 딱총새우 등 희귀종의 갑각
류와 38종의 어류가 서식하고 있는 것으로 확인되었다. 이 밖에도 개펄
에서는 30여 종의 해안 식물이 군락을 형성하고 있고 곤충류도 비교적
풍부하게 발견되고 있다. 이처럼 강화도는 우리나라 생태계 보고(寶庫)
로 손꼽히고 있어 앞으로 해양 생태계 보호 지역으로 지정될 전망이다.

강화도는 문화재가 많이 분포된 지역으로(부록 3 참고) 지난 1991
년도에는 내국인 158만 명, 외국인 1,400명 등 모두 158만 4천여 명이
강화도를 찾았다. 이처럼 강화도의 자생력(자체 수입 31퍼센트)을 키우
는 방법은 역시 관광 개발밖에 없는 것으로 보이나 현재로서는 정부의
보조가 빈약할 뿐만 아니라 관심도 미비한 실정이다.

역사

　강화도는 역사 시대 이전부터 사람들이 많이 살았던 것으로 보이는데 지금도 선사 시대 유적이나 유물들을 많이 찾아볼 수 있다. 그 가운데 대표적인 유적이 고인돌 무덤이다. 고인돌 무덤은 우리나라 청동기시대에 강화도에 살았던 사람들이 지배 계급에 속하는 인물들을 묻은 돌로 만든 무덤이다. 이런 무덤이 강화도에는 100기 가까이 있다. 이는 당시 사회 구성이 지금 우리가 알고 있는 것 이상으로 대단위의 단단한 구조로 구성되었음을 말해 준다.

　삼국시대에는 백제의 서울인 위례성(한성)의 관문에 자리잡은 요새였고 고구려와 교류를 하거나 바다를 통해 중국 등지의 대외로 진출하기 위한 전초 기지가 되기도 했다. 한성을 도읍으로 한 백제 전기에는 서해 대도(大島)로 알려지기도 했다. 396년 고구려 광개토대왕은 백제의 서울을 공격하기 위해 수군을 거느리고 한강 어귀인 강화 부근에 와서 크게 싸웠던 것으로 보인다. 당시에 최대 격전지였던 것으로 알려진 관미성(關彌城)이 한강 유역일 것이라는 추측이 있다. 고구려는 강화해협을 뚫고 파죽지세로 아리수(우리하, 한강)를 거슬러 백제의 서울인 한성(지금의 강남지구)을 함락시키고 백제 아신왕으로부터 항복을 받아 냈다. 이로써 백제는 한강 이북 58개 성 700촌을 고구려에 내주고 말았다.

그 뒤 5세기 후반 475년에 다시 장수왕이 5만 대군을 몰아 백제를 공격하여 백제의 개로왕이 죽고 아들 문주왕은 그해 서울을 버리고 웅진(지금의 공주)으로 수도를 옮김으로써 한강 이남까지도 모두 고구려에 내주었다. 강화도는 이때 고구려에 귀속되었는데 당시 군 이름은 혈구(穴口) 또는 갑비고차(甲比古次)라고 하였다. 그리고 인접 교동도는 고구려의 고목근현(高木根縣)이 되었다.

그 뒤 551년 백제의 성왕은 신라의 진흥왕과 연합하여 한강 유역을 되찾았으나 553년에는 신라에게 다시 내주고 말았다. 신라는 한강 유역을 장악함으로써 풍부한 물적 자원과 인적 자원을 확보하여 도약의 발판을 마련했다. 더구나 한강 어귀는 서해를 거쳐 중국과 직접 통교할 수 있는 거점이라는 점에서 결정적인 통일의 기초가 되었다고 할 수 있다. 두말할 필요 없이 이때 신라의 대외 교통로의 첫번째 관문은 강화였을 것이다. 이때는 해구군(海口郡) 또는 혈구진(穴口鎭)이라 했다.

고려시대에는 강화도에서 우리 민족이 잊지 못할 역사가 전개되었다. 고종 18년(1231) 몽고(元)의 침략을 당했고, 다음해인 1232년 고종은 왕실 귀족을 비롯한 조정 관료들과 함께 모두 강화로 천도하여 원종 11년(1270)에 개성 왕도(개경)으로 다시 돌아오기까지 39년 동안 몽고 군사와 대치하면서 나라를 지킨 파란만장한 역사가 바로 그것이다. 이때부터 강화는 강도(江都)로 불렸다. 지금도 강화도에는 고려시대 별도인 강도의 왕궁터가 남아 있고 몽고와 항쟁하던 흔적들도 성곽 곳곳에 남아 있다.

한편 고려 무인 정권의 군사적 뒷받침이 되어 몽고와 항쟁해 왔던 삼별초(三別抄)는 원종의 개경 환도가 알려지자 즉시 대항하고 나섰다. 그들은 배중손(裵仲孫)을 중심으로 개경 정부와 대립하는 새로운 항몽 정권을 수립하였으나 곧 진도(珍島)로 남하하고 말았다.

고려가 몽고와 항쟁하는 와중에서 남긴 가장 훌륭한 업적이라면 팔만대장경의 조판을 들 수 있다. 그러나 지금까지도 당시에 조판을 진행했

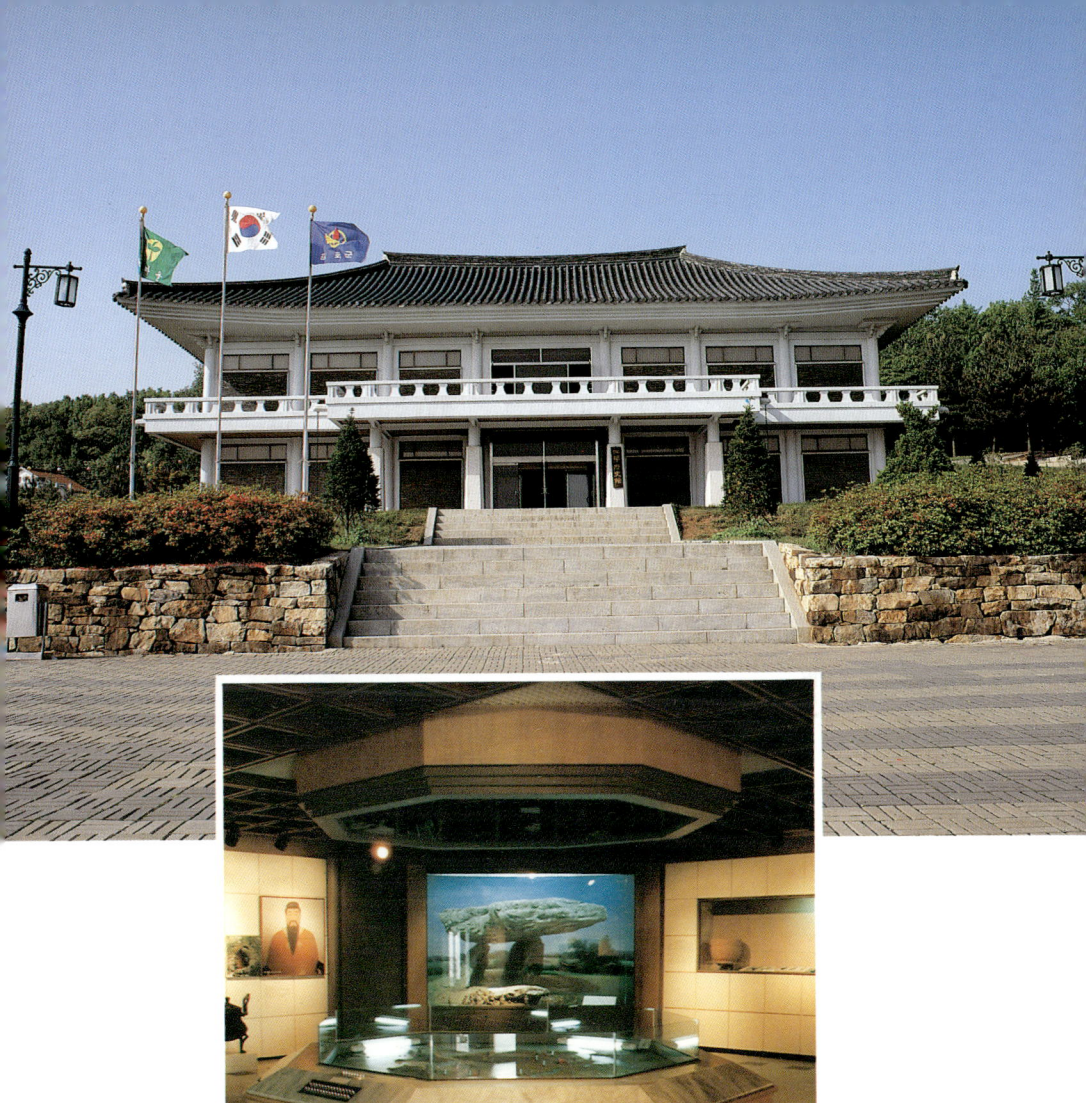

강화역사관과 내부 갑곶돈대 아래에 세워진 강화역사관은 강화의 모든 역사를 한눈에 조감할 수 있다. 전시관의 1층에는 선사, 역사실, 2층에는 국난 극복실로 꾸몄다.

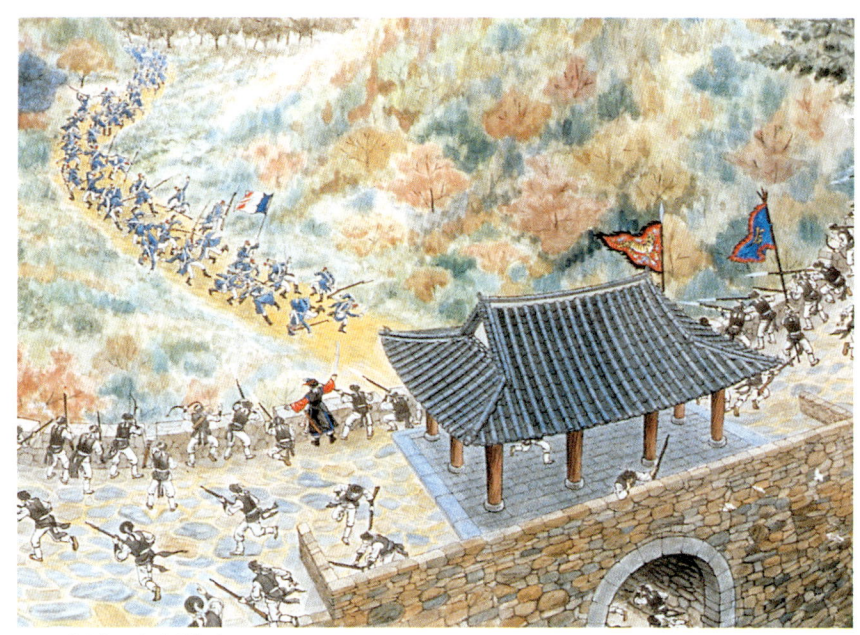

병인양요 때 삼랑성 전투도 아군이 삼랑성 동문 성루 위에서 프랑스 군을 격퇴시키는 장면을 그린 상상도이다. 강화역사관에 전시된 그림 가운데 하나이다.

던 장소와 그 경과를 밝히지 못하고 있어 아쉬움을 준다. 그런가 하면 고려 청자를 비롯한 고려시대의 보물들이 일제시대에 마구 도굴되어 그 폐단이 지금도 계속되고 있다. 고려 청자 가운데에서도 가장 훌륭한 작품으로 꼽히는 국보 제133호 청자진사연화문표형주자(靑瓷辰沙蓮花紋瓢形注子)는 바로 강화도의 최항(崔沆) 묘에서 도굴된 것이다.

이 시기에 고려 사람들은 강화 남쪽 마니산 꼭대기에 참성단을 다시 쌓아 하늘과 단군에게 제사지냈다. 이는 우리 민족을 하나로 뭉치게 하고 국난을 당해 나라를 지키게 하는 원동력으로 작용했다.

조선시대 인조 임금은 1627년 금(金)나라 3만 군사의 침입을 받고는 평복 차림으로 강화로 피신하여 100일 동안을 머무른 적이 있는데 이 사건이 바로 정묘호란(丁卯胡亂)이다.

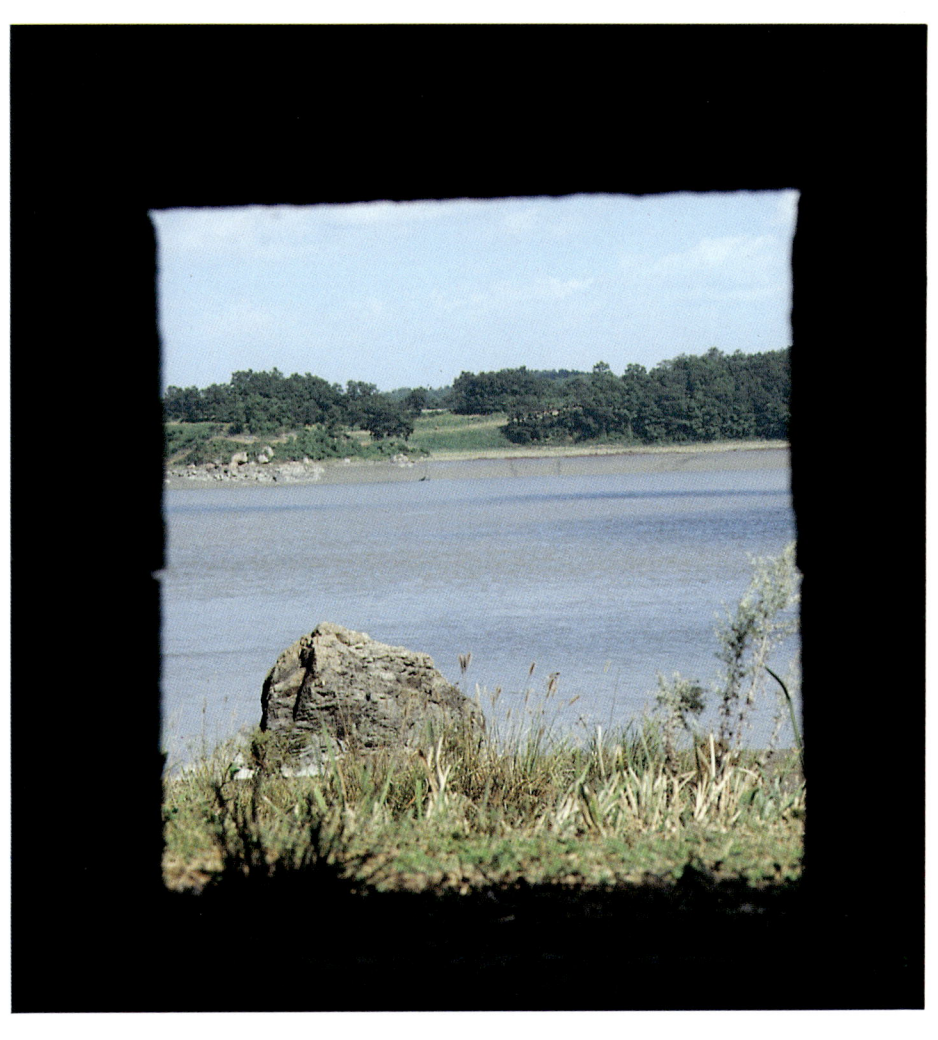

남장포대 포좌 화창(火窓) 너머로 강화해협 건너에 덕포포대가 마주보인다.

1636년 청나라 태종이 쳐들어왔을 때(1. 26~4. 10)는 인조가 미처 강화로 피란하지 못하고 남한산성으로 퇴각했는데, 강화가 청에게 넘어가고 봉림대군과 빈궁 및 여러 대신 등 200여 명이 포로로 잡혀가자 항복하고 말았다. 이것이 병자호란이다. 이때 강화도는 종묘 사직을 지키기 위한 배도(背都)가 되어 유수(留守)와 경력(經歷)을 갖추는 등 중요한 역할을 했다.

그 뒤 효종은 인조 때 당한 치욕을 씻기 위해 북벌을 계획하고 강화 해안에 월곶진, 제물진, 용진진, 광성보, 인화보, 승천보 등과 같은 방어 시설을 새로 쌓거나 고쳤다. 그리고 숙종은 강화도 해안 전역의 돌출부에 큰 톱니바퀴를 움직이는 작은 톱니바퀴 모양으로 53개(2개는 얼마 뒤에 폐지되었다)의 돈대(墩臺)를 설치하여 강화도 전지역을 요새화하였다.

조선 후기에는 서양 세력이 조선을 넘보기 시작했다. 1866년 프랑스 함대가 먼저 한강 어귀 강화에까지 쳐들어온 병인양요와 1871년 미국 함대가 강화를 침략한 신미양요가 그 대표적인 예이다. 그때마다 강화의 백성들은 외세에 대항하여 번번이 나라를 구했다. 그러나 불행하게도 1875년 일본 군함이 강화에 침입하여 이른바 운양호사건을 일으켰고 다음해(1876년)에 강화도 조약이 강요되었는데 이것이 이른바 병자수호조약이다. 그로부터 35년 뒤인 1910년 조선은 일본에 의해 완전히 병합되고 말았다.

문화 유적

　강화도의 자연 풍광이나 문화 유적을 살펴보는 데는 여러 방식이 있을 수 있다. 해안선을 따라 돌 수도 있고 특별한 곳을 향해 갈 수도 있다. 그러나 강화도가 다른 섬과 가장 다른 특징적인 면 곧 다양한 문화 유적을 가졌으므로 이것을 중심으로 찾아보는 것이 보다 가치 있고 즐거운 일일 것이다.

　여기서는 문화 유적을 각 시대별로 구분하여 살펴보려 한다. 신석기시대 유적, 유물부터 불교 유적과 근세의 국방 유적까지 다양하게 갖추어져 있어 요모조모 볼 것이 많다는 것이 강화 유적의 특징이다.

신석기시대 문화

　강화의 선사 시대 문화 유적과 유물로는 신석기시대의 빗살무늬 토기와 청동기시대의 고인돌 무덤을 대표로 들 수 있다.

　신석기시대의 대표적인 유물인 빗살무늬 토기가 하점면 삼거리, 하도면 동막리, 양도면 도장리 등지에서 발견되었다. 신석기시대 빗살무늬 토기가 강화에서 계속 발견되고 있다는 사실은 이 지역이 일찍부터 인류가 생활하기에 적합한 곳이었음을 말해 준다 하겠다.

강화도에서 가장 먼저 발견된 신석기시대 유적으로는 화도면 동막리 유적이 있다. 이곳은 1916년 일본인이 동막리 해안에서 빗살무늬 토기를 발견하면서 알려지게 된, 우리나라 서해 도서(島嶼) 가운데 가장 먼저 알려진 신석기시대 유적이다. 빗살무늬 토기란 머리를 빗는 빗모양의 빗치개로 성형(成型)된 토기의 겉에 무늬를 새긴 것을 말하는데 대개 빗금이나 'ㅅ'자(魚骨紋 또는 綾杉紋이라고도 함)무늬 계통이 주류를 이룬다. 이런 무늬들은 발해 연안(渤海沿岸) 신석기시대 토기에 흔히 보이는 독특한 무늬들이다.

　1966년에 하점면 삼거리 소동 부락에서 고인돌 무덤을 발굴할 때는 주위 밭 가운데에서 적지 않은 빗살무늬 토기 조각이 발견되기도 했다. 역시 'ㅅ'자무늬와 빗금무늬가 주류를 이루고 있었고 가끔 지그재그무늬(일명 '之'자무늬)로 보이는 조각들도 있었다. 이것으로 보아 아마 신석기시대의 생활 터전에 계속해서 청동기시대의 인류가 생활했던 것으로 보인다.

　1986년에는 일제시대에 조사되었던 화도면 동막리의 큰말 해안가 백사장에 위치한 길이 328미터, 너비 26미터에 이르는 방풍림 지대에 대한 재조사가 실시되었다. 이때 'ㅅ'자무늬들을 비롯해서 짧은 빗금, 평행빗금무늬 따위의 빗살무늬 계통의 토기 조각들이 수습되었다. 역시 주류는 빗금무늬와 'ㅅ'자무늬이다. 그리고 동막리 유적에서는 빗살무늬 계통의 토기말고도 가끔 청동기시대의 것으로 보이는 평저 토기, 마연 토기 등 무문 토기계의 토기 조각이 출토되고 있다. 이것으로 보아 동막리에도 신석기시대에 이어 청동기시대에도 계속해서 인류가 생활했다는 것을 알 수 있다.

　이 밖에 강화도에서는 양도면 도장리, 사기리 등에서 빗살무늬 토기가 출토되고 있는 것으로 알려지고 있다. 앞으로 강화도의 신석기시대 문화 유적은 강화도의 자연, 지리적인 여건으로 보아 지금까지 알려진 것말고도 더 밝혀질 것으로 생각된다.

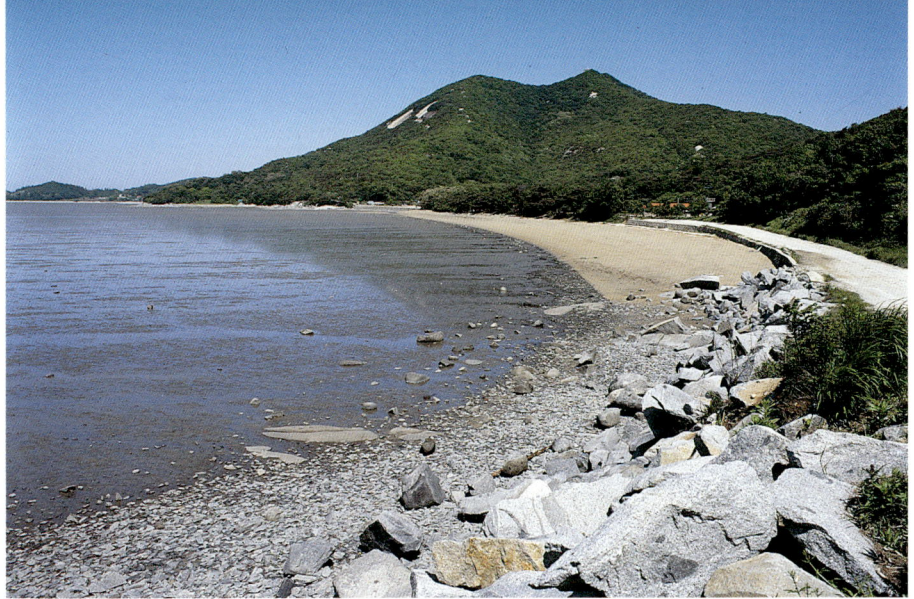

화도면 동막리 신석기시대 유적 강화의 선사 시대 문화 유적 가운데 가장 이른 시기의 빗살무늬 토기 유적이다. 그러나 동막리 해안가 둑 주변이 많이 파괴되어 보존이 아쉽다.

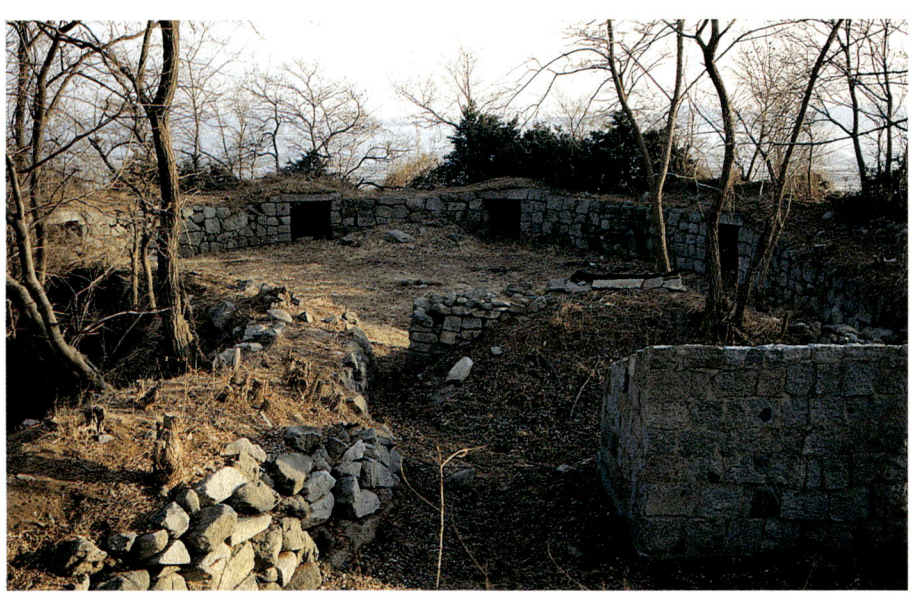

분오리돈 동막리 해안의 동남쪽 벼랑 위에 축조된 돈대로 최근까지 해안 초소로 사용되었다. 군에서 복원 계획이 잡혀 있으나 기초 조사가 우선 되어야 할 것이다.

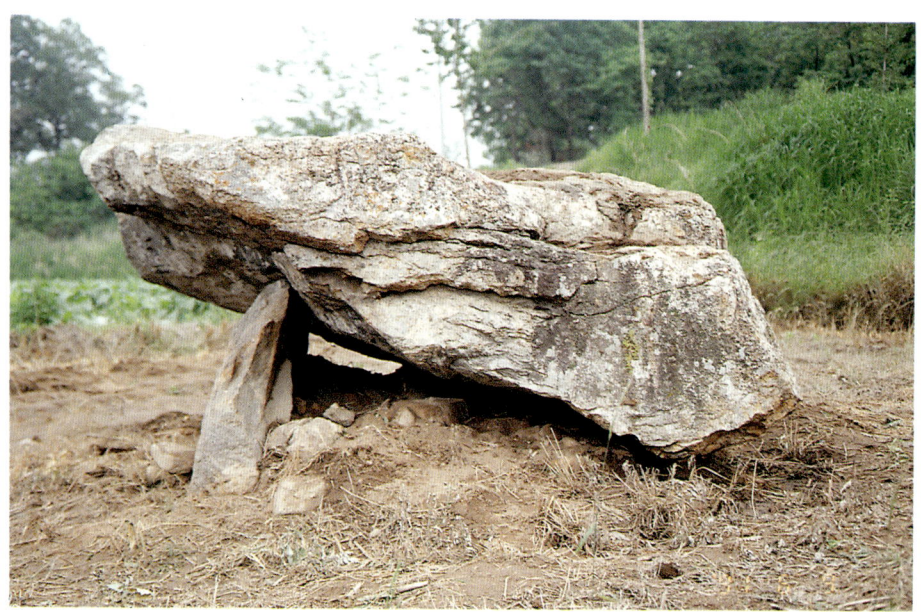

송해면 하도리 북방식 고인돌 무덤 48번 국도 바로 아래 밭 가운데에 있는 4기의 고인돌 무덤 가운데 비교적 보존이 양호한 북방식 고인돌 무덤이다.

청동기시대 문화

강화도의 청동기시대 문화 유적 가운데 가장 대표적인 것은 고인돌 무덤(支石墓)이다. 이 고인돌 무덤은 전국에서 무려 2만 기가 넘게 고루 발견되고 있어 숫자면에서는 세계 제일일 것이다. 또한 우리나라 역사상 최초의 국가 형성과 관련하여 중요한 지표가 되는 것이기 때문에 대단히 중요하다. 뿐만 아니라 우리나라를 비롯하여 동북 아시아 일대 청동기시대의 수장(首長)급들의 무덤으로 즐겨 사용한 돌무덤의 하나로, 동북아시아 돌무덤 문화(石墓文化)와 관련해서도 중요한 의의를 가진다.

이 고인돌 무덤은 대체로 북방식과 남방식으로 나뉜다. 북방식은 땅 위에 4개의 판석으로 된 굄돌(지석)을 세우고 평면이 긴 네모꼴인 무덤방(묘실)이 되도록 널을 짠 다음 그 위를 평평하고 납작한 큰 덮개돌(개석)로 덮는 형식이다. 남방식은 대체로 땅 아래에 무덤방을 만들고 땅 표면에 다른 돌덩이나 자갈돌을 깐 뒤 그 위에 덮개돌을 얹는 형식이다. 또 남방식에는 땅 아래에 아무런 시설 없이 토광만 있는 경우와 돌널(석관)을 설치한 경우도 있다.

고인돌 무덤은 우리나라뿐만 아니라 남만주 지방에도 많이 분포하고 있다. 강화도의 북방식 고인돌 무덤은 한반도의 경기도·강원도 서북부, 황해도, 평안도 지방과 만주 요동 반도 일대에 연결되어 있어 이 지역의 고인돌 무덤과 깊은 관계를 맺고 있을 것이다.

강화도에 지금까지 알려진 고인돌 무덤들로는 사적 제137호로 지정된 '강화 고인돌 무덤'과 경기도 기념물 제9호로 지정된 '내가 고인돌 무덤' 그리고 몇 기의 고인돌 무덤이 전부였다. 그러나 최근에 필자의 조사에 의해서 강화 본도의 3분의 1에 해당하는 고려산 이북의 1개 읍, 4개 면에서 무려 100기에 가까운 고인돌 무덤을 발견 또는 확인했다. 이 가운데 44기가 북방식 고인돌 무덤, 35기가 남방식 고인돌 무덤으로 확인되었고 나머지 10여 기는 형식이 분명하지 않은 매몰되거나 형체를 알 수 없는 것들이었다. 이것은 우리가 지금까지 알고 있던 것보다 훨씬 많은 수가 아닐 수 없다. 특히 전체 수의 거의 절반에 달하는 남방식이 북방식과 함께 강화도에 널리 분포하고 있다는 사실도 새롭게 확인되었다.

고려산 북쪽 기슭의 고인돌 무덤

강화도에는 고려산(해발 436미터)을 중심으로 대개 북쪽 기슭에 고인돌 무덤이 많이 흩어져 있다. 고려산 동쪽 능선의 갈래인 강화읍 북산 끝자락 강화읍 대산리에서 북방식 1기가 알려진 것을 비롯하여 고려산을 중심으로 무려 70기가 흩어져 있음을 확인했는데 여기에서 그 대표적인 것들을 살펴보자.

강화읍에서 서쪽으로 지방도를 따라 약 3.5킬로미터 정도 가다 보면 낮은 산비탈을 따라 오른쪽으로 철산으로 가는 길이 나온다. 지방도를 따라 계속 구릉을 가로질러 약 500미터 정도 더 가다 보면 내리막길에서 왼쪽으로 오류내 버스 정류장이 있다. 여기서 남쪽으로 고려산 줄기에서 내려오는 오류내 상류 쪽으로 난 작은 길을 따라 약 1킬로미터 정도 더 들어가면 조선 광해군 때의 유학자인 석주 권필의 유허비가 있고 이 부근이 오류내 마을이다. 이 마을에서 남방식 고인돌 무덤 3기가 새로 발견되었다.

오류내 입구에서 다시 지방도를 따라 산모퉁이를 돌자마자 왼쪽 산비탈을 깎아 새로 지은 부천소방서, 강화파출소가 나온다. 이 소방서 앞에서 길을 건너면 경사진 아래로 들깨밭이 나오면서 여기서부터 송해 평야가 시작되는데 이 들깨밭 가운데에 여러 기의 고인돌 무덤이 흩어져 있다. 일제시대 조사 때에는 모두 5기가 조사되었는데 그 동안 1기는 완전히 없어졌고 최근 또 하나가 농지 개간으로 많이 파괴되었다. 양호한 상태로 있는 것 가운데 하나는 굄돌을 갖춘 북방식이고 또 하나는 덮개돌만 남아 있는 남방식이다. 같은 지역에 남방식과 북방식이 함께 있는 것이 눈길을 끈다. 그러나 계속 파괴되고 있어서 사적 지정 또는 보호가 시급한 실정이다.

이곳에서 지방도를 따라 좀더 서쪽으로 가면 송해면과 하점면의 경계 지점이 나온다. 여기서 왼쪽으로 가면 삼거리, 신삼리 쪽으로 가는 길이고 오른쪽으로 계속 가면 강화—외포리간 지방도가 나오는데 이 지방도를 따라 500미터 정도 더 가면 고려산 북쪽 봉우리인 시루메봉의 능선이 뻗어내리고 지방도가 이 능선의 끝자락 부분을 가로지른다. 바로 이 끝자락 부분의 능선에 유명한 사적 제137호 '강화 고인돌 무덤'이 있다.

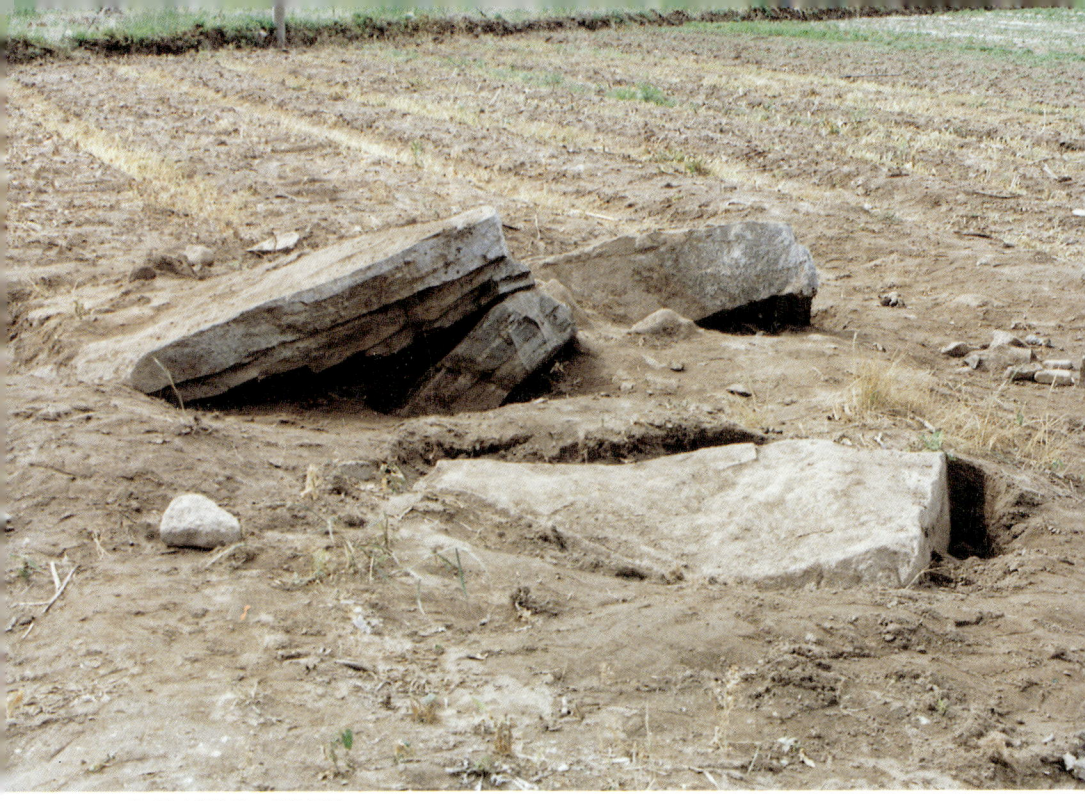

하도면 소방서 앞 고인돌 무덤 대로변에 있는 이 고인돌 무덤은 밭갈이하면서 많이 파손되었다.

능선의 자락에 마련된 대지는 해발 약 20미터에서 30미터 정도의 높이에 위치한다. 무덤을 보호하기 위해서 세운 철책은 사방 12미터에 불과하지만 원래 대지는 아마 지금보다 훨씬 더 넓은 면적으로 그곳을 황토흙으로 수십 층 다진 뒤 고인돌 무덤을 세웠을 것이다. 지금은 2개만 남아 있는 굄돌이 덮개돌을 받치고 있다. 굄돌의 긴 축을 동북 방향(60도)으로 세우고 그 위에 덮개돌을 올렸다.

필자가 새로 실측한 강화 고인돌 무덤(사적 제137호)의 크기는 덮개돌의 크기가 긴 축(서쪽)의 길이 6.50미터, 너비 5.20미터, 두께 1.20미터, 전체 높이는 2.60미터이다(『강화도 고인돌 무덤〔지석묘〕 조사 연구』, 1992).

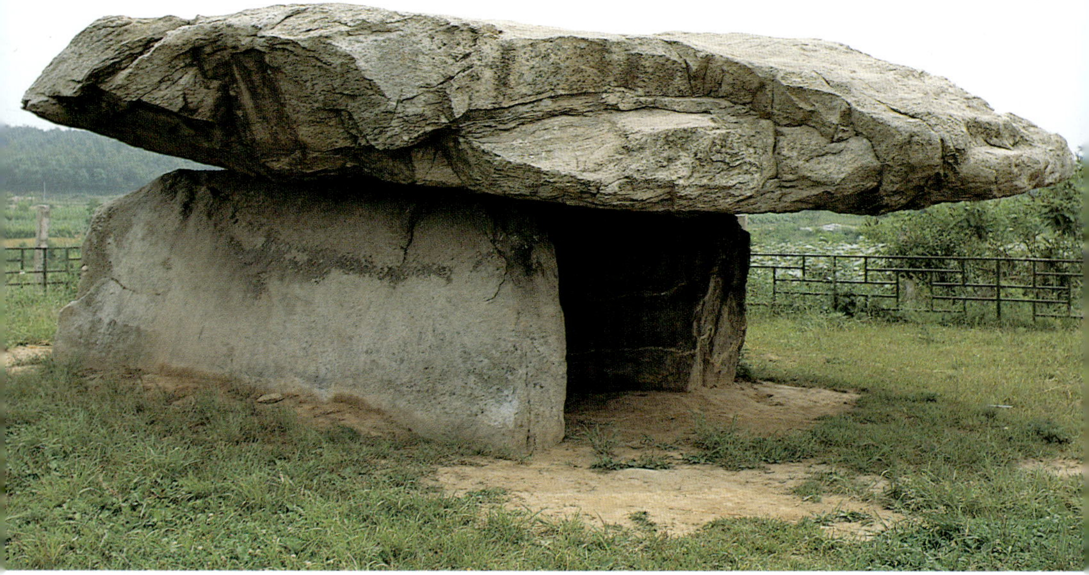

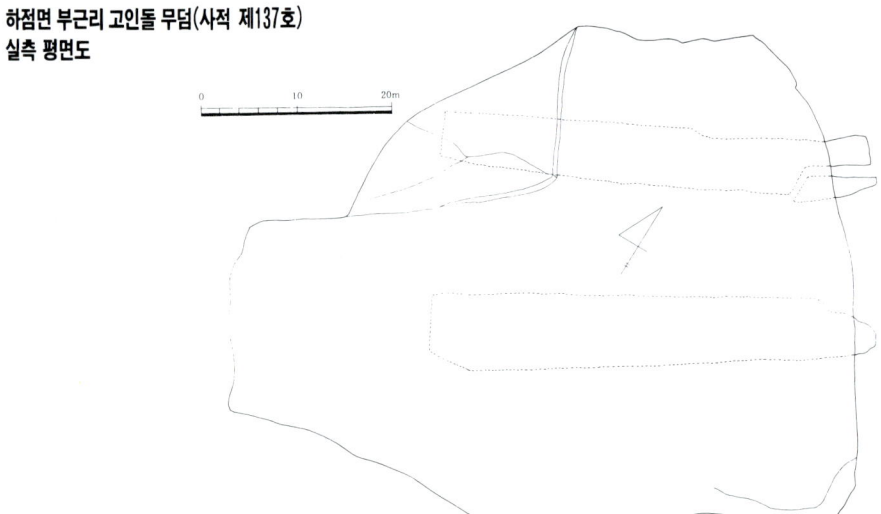

하점면 부근리 고인돌 무덤 사적 제137호인 우리나라에서 가장 유명한 북방식 고인돌 무덤으로, 비스듬히 경사진 굄돌 위에 50톤이 넘는 화강암 덮개돌을 올렸다.

하점면 부근리 고인돌 무덤(사적 제137호)
실측 평면도

0   10   20m

그러나 『문화재대관(文化財大觀)』 '사적편'(上, 24쪽, 1975) 설명문에는 덮개돌 긴 축의 길이는 7.10미터, 너비 5.50미터로 되어 있다. 그러므로 실제와는 각각 60센티미터와 30센티미터의 큰 차이가 나는 셈이다. 굄돌을 좌우에 세우고 한쪽 끝에는 마감하기 위한 판석을 세워 묘실을 만들어 시신을 안치한 뒤 다른 한쪽을 마저 마감했을 것으로 생각되나 지금은 양끝의 마감돌은 없어지고 좌우의 굄돌만 남아 있어 석실 내부가 마치 긴 통로를 연상케 한다.

굄돌이나 덮개돌의 석재는 강화에서 흔히 보이는 흑운모편마암이고 놓인 방향은 동북 60도 방향이다. 동서 굄돌이 세워진 각도는 각각 약 70도인데 이 기울기가 원래 공법이었는지 아니면 후대에 기울어진 것인지 알 수 없으나 지금으로 보아 70도 기울기를 갖춘 돌기둥에 약 50톤으로 추정되는 대형 판석을 얹은 역학적 구조가 불가사의하다.

이 고인돌 무덤에 대한 기록은 그다지 자세하지 않으나 일본 학자 미카미(三上次男)가 약간 언급한 적이 있다. 그는 '조선 반도의 지석묘 집성표'(1961)에서 강화 하점면 부근리에 북방식 고인돌 무덤 1기가 있는 것으로 집계하였다. 그리고 정부에서 펴낸 『문화재대관』에는 이 고인돌 무덤에 대해 "밭 가운데에 하나가 독립해서 위치하고 있다."고 했다. 그러나 이 고인돌 무덤은 단독으로 세워진 것이 아니다. 이것을 중심으로 300미터 안에 같은 북방식과 남방식이 섞여 있는 것을 확인했기 때문이다.

사적 제137호 고인돌 무덤을 중심으로 서남쪽 150미터 지점의 은행나무 묘포 안에는 대형 고인돌 무덤의 굄돌 하나가 은행나무 숲에 가려져 있다. 이 돌의 크기는 사적 제137호 무덤에 버금간다. 돌이 놓인 방향과 동쪽으로 기운 각도 및 돌의 질(화강편마암)도 사적 제137호와 일치한다.

이로 보아 이곳에도 제137호 북방식 고인돌 무덤과 비슷한 크기의 고인돌 무덤이 하나 더 있었던 것으로 생각된다.

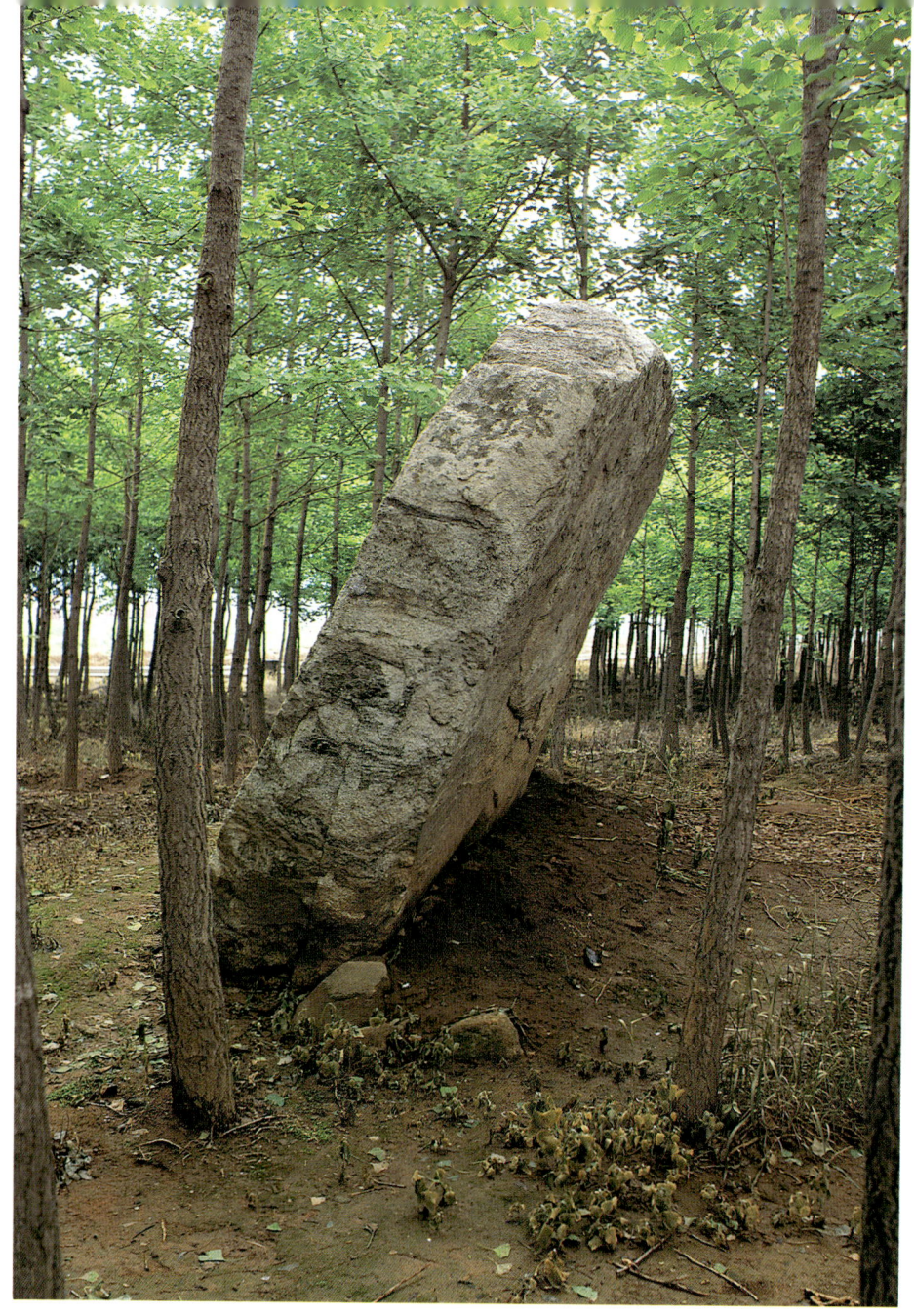

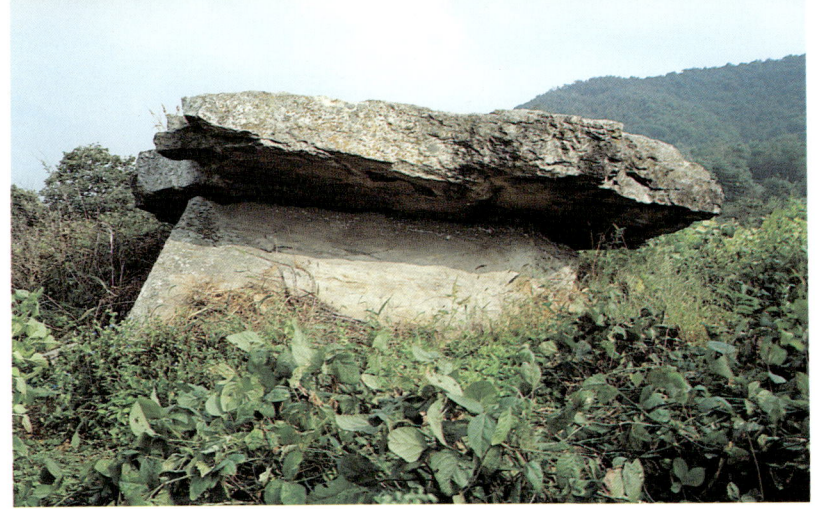

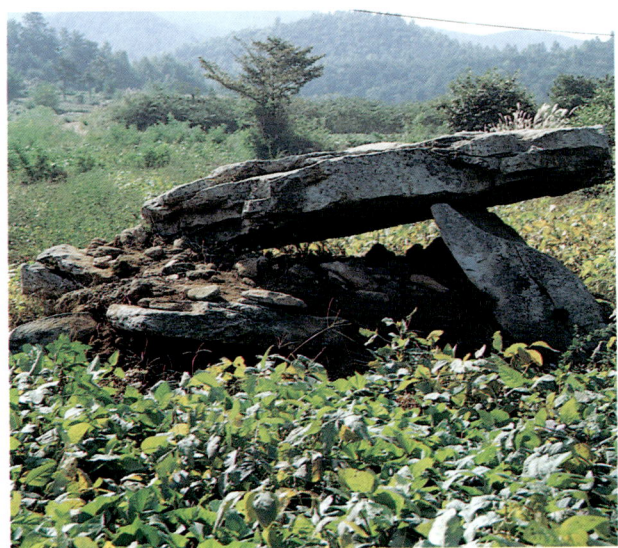

부근리 점골 고인돌 무덤 하점면 부근리와 삼거리 경계 지점에 가까운 부근리 743의 3번지에 위치한 사적급의 대형 고인돌 무덤이다.

부근리 은행나무 묘포에 있는 고인돌 무덤 굄돌 사적 제137호 고인돌 무덤의 북방 약 150미터 지점에 있는 이 고인돌 무덤의 굄돌은 원래 사적 제137호 고인돌 무덤과 한 쌍이었던 것이 다른 석재가 모두 파괴되고 이 굄돌 하나만 남았다.(옆면)

또 이 굄돌에서 동쪽 10미터 되는 곳에도 두 장의 돌이 나무숲에 가려져 있는데 크기, 돌의 질로 보아 고인돌 무덤의 한 부분인 듯하다.

사적 제137호 무덤에서 북쪽으로 300미터 거리의 솔밭에서 2기가 또 발견되었다. 굄돌과 덮개돌이 일부 묻혀 버려 크기는 자세히 알 수 없으나 북방식으로 보인다. 이와 가까이에 덮개돌 한 장이 있는 것은 남방식으로 생각된다.

여기에서 동남 방향으로 300미터 거리에 또 하나의 낮은 구릉이 펼쳐지는데 이 능선을 따라 6기의 남방식과 2기의 북방식 고인돌 무덤이 발견되었다.

역시 제137호 무덤에서 남쪽 능선을 거슬러 가면 고려산 시루메봉 북쪽 기슭 계곡에 위치한 부근리 대촌마을이 나오는데 이곳에서 보존 상태가 괜찮은 작은 북방식 1기와 남방식 수기(基)가 발견되었다. 그러나 그 가운데 몇 기는 석공들이 잘라 내어 원형을 잃어버렸다.

시루메봉 북쪽 기슭에서 다시 서쪽으로 1킬로미터 정도 가로질러 내려가면 삼거리와 경계 지점인 고려산에서 내려온 해발 20미터 고지의 능선 끝자락에 이르는데 이곳에 큰 북방식 1기가 하점 평야를 내려다보고 서 있다. 지적도상으로는 하점면 부근리 743의 4번지이다. 이 지방의 옛이름은 그릇을 굽는 가마가 있었다고 하여 '점골'이라 했다. 점골의 북방식 고인돌 무덤은 흑운모편마암제로 굄돌의 길이축은 거의 정북인데 지금은 동쪽으로 약간 치우쳐 있으나 상태는 그런대로 괜찮은 편이다. 굄돌은 대형 덮개돌이 내려앉는 바람에 안쪽으로 많이 기울어졌지만 동서의 긴 굄돌과 남북의 마감돌이 그대로 남아 있는 것으로 보아 북방식임을 잘 보여 준다.

부근리 점골 고인돌 무덤에서 서쪽으로 작은 고개를 하나 넘으면 하점면 삼거리 소동 부락이다. 고려산 서북 능선을 따라 내려온 끝자락에 자리잡은 이 마을은 일찍이 1966년 국립박물관에서 북방식 고인돌 무덤 5기를 발굴한 일이 있어서 잘 알려져 있다. 그런데 안타깝게도

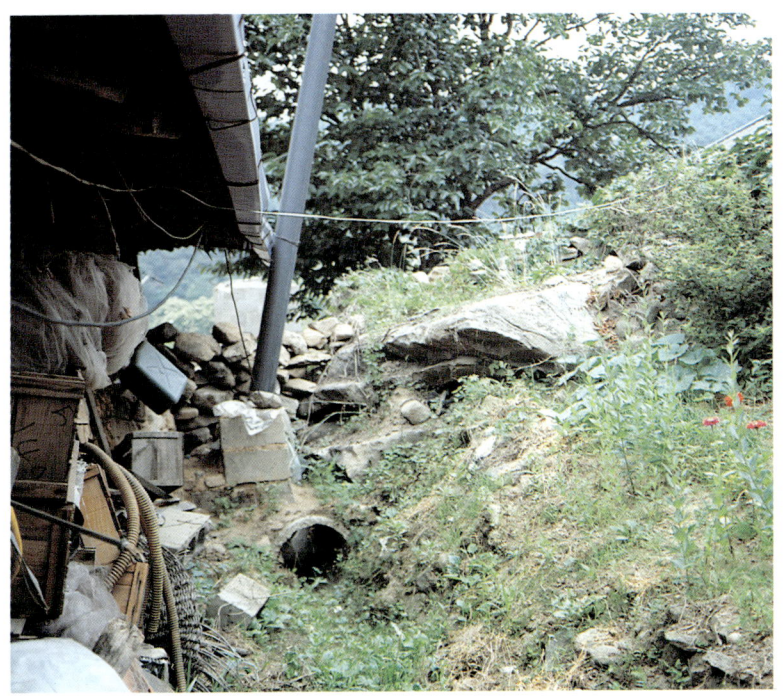

하점면 삼거리 샘말 고인돌 무덤 민가의 뒤꼍 담장 안에 거대한 고인돌 무덤이 박혀 있다.

당시 발굴된 5기 가운데 3기만 남아 있고 2기는 농경지 개간 때문에 걷어 낸 지 오래이다. 필자는 1991년 당시의 분포 상황을 확인하는 한편 몇 기가 더 흩어져 있어서 그에 대한 분포도를 작성했는데 발굴된 것을 포함하여 모두 10기였다. 그 가운데에는 남방식 고인돌 무덤도 몇 기 포함되어 있었다.

소동 부락에서 서남쪽으로 또 하나의 능선을 넘으면 삼거리 샘말 (천촌)이다. 곧 고려산 서북 계곡에서 흐르는 물이 서쪽으로 하점 평야 를 가로질러 서해로 빠지는 삼거천의 상류다. 샘말 부락에는 10여 기의

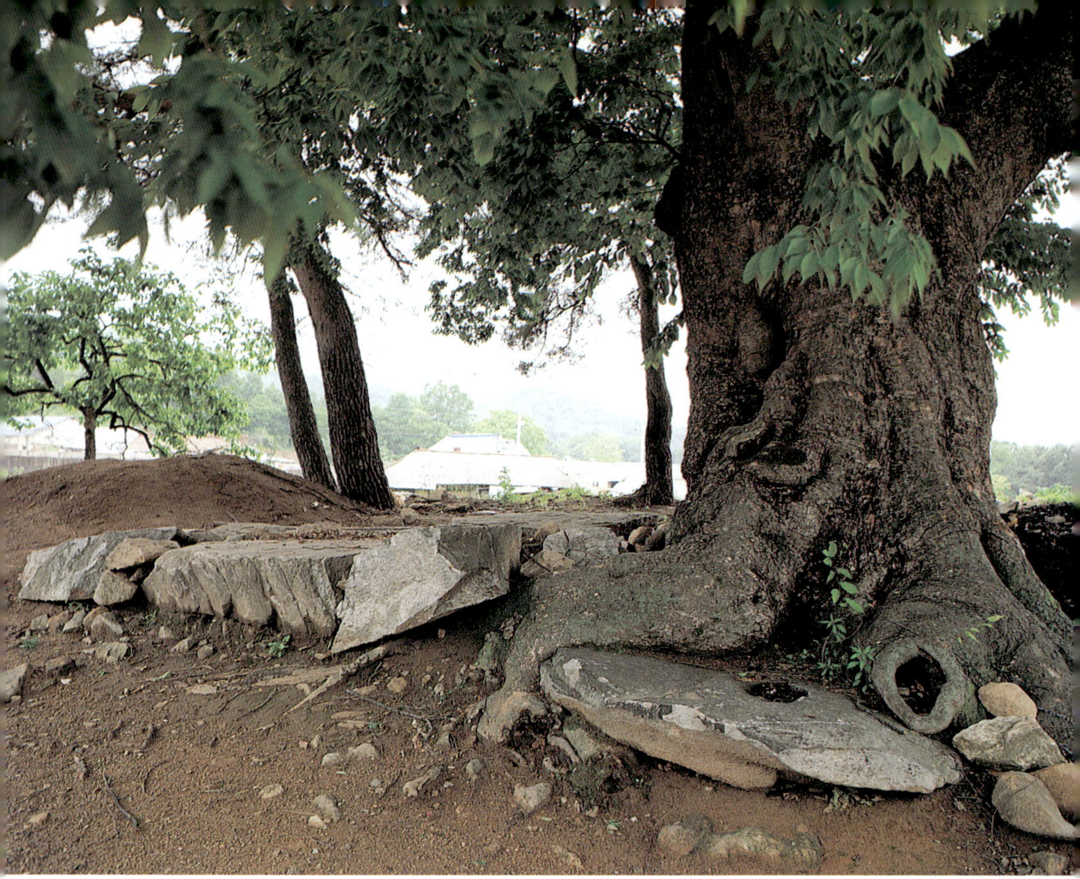

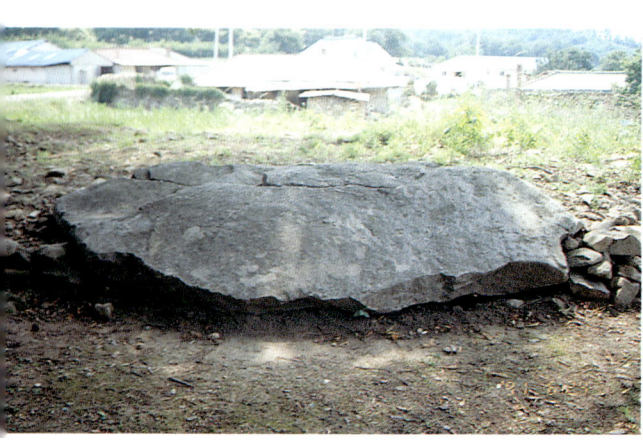

삼거리 회나무와 고인돌 무덤 회나무 아래에는 남방식 고인돌 무덤을 불도저로 옮겨 놓고 평상으로 사용하고 있다.(위) 회나무 주위에 비교적 완전한 남방식 고인돌 무덤 하나가 남아 있다.(왼쪽)

고인돌 무덤이 있었으나 지금은 회나무 주위에 7기의 남방식 고인돌 무덤이 있고 골짜기 어귀에 북방식 고인돌 무덤이 몇 기 있다.

이 마을 맨 윗집인 이희돈 씨 집 담장에 고인돌 무덤이 하나 박혀 있기도 하다. 회나무 근처에는 고인돌 무덤을 만드는 데 사용한 돌들이 어지럽게 널려 있다. 근래에 불도저(bulldozer)로 옮겨 놓은 것이라 한다. 수년 전에는 끌로 쪼아 내 석재로 쓰더니 이제는 불도저를 동원해 통째로 마구 옮겨 놓기까지 한다.

샘말 부락을 둘러싸고 있는 고려산의 서남쪽 능선에는 소나무와 참나무가 울창하다. 해발 100미터 이상 높이의 산 위에는 수기의 고인돌 무덤이 일렬로 자리잡고 있다. 20여 년 전에는 10기 정도가 있었으나 현재는 6기의 북방식 고인돌 무덤이 확인, 조사되었다. 그 가운데 C호 (필자가 붙임) 고인돌 무덤은 아담한 크기의 전형적인 북방식이다. 긴 축은 정북쪽으로 다른 것들과 일직선상에 위치하고 있다. 이 고인돌 무덤은 지금까지 우리에게 알려진 고인돌 무덤의 평균 고도보다 훨씬 높은 해발 100미터 이상, 심지어는 200미터 고지에 위치하고 있고 그 형태를 잃지 않고 있어 사적 지정은 물론 보존이 시급하다고 하겠다.

삼거리 샘말 부락에서 망월행 버스길로 1킬로미터 정도 더 가면 신삼리 동촌 부락이 나온다. 여기에서 고려산 서쪽 능선이 끝나고 하점 평야가 전개된다. 해발 5미터가 채 안 되는 이곳 논바닥에 거대한 북방식 고인돌 무덤이 주저앉아 있다. 중심부가 약간 돋은 듯한 낮은 지형에 동서 양옆으로 굄돌이 미끄러져 있고, 거대한 덮개돌은 돋은 흙 위에 동북향으로 얹혀 있다. 굄돌과 덮개돌의 석질은 해안에서 흔히 볼 수 있는 흑운모편마암이다.

이처럼 장대한 북방식 고인돌 무덤이 해발 5미터 정도의 논바닥에 축조되어 있다고 하는 사실은 이 무덤이 만들어졌을 당시인 청동기시대에는 이 지역이 개펄이 아니라 내륙으로 고려산 줄기가 끝나는 대지였을 것이라는 추정을 가능하게 한다. 지금은 망월리 해안까지 약 3킬로미터

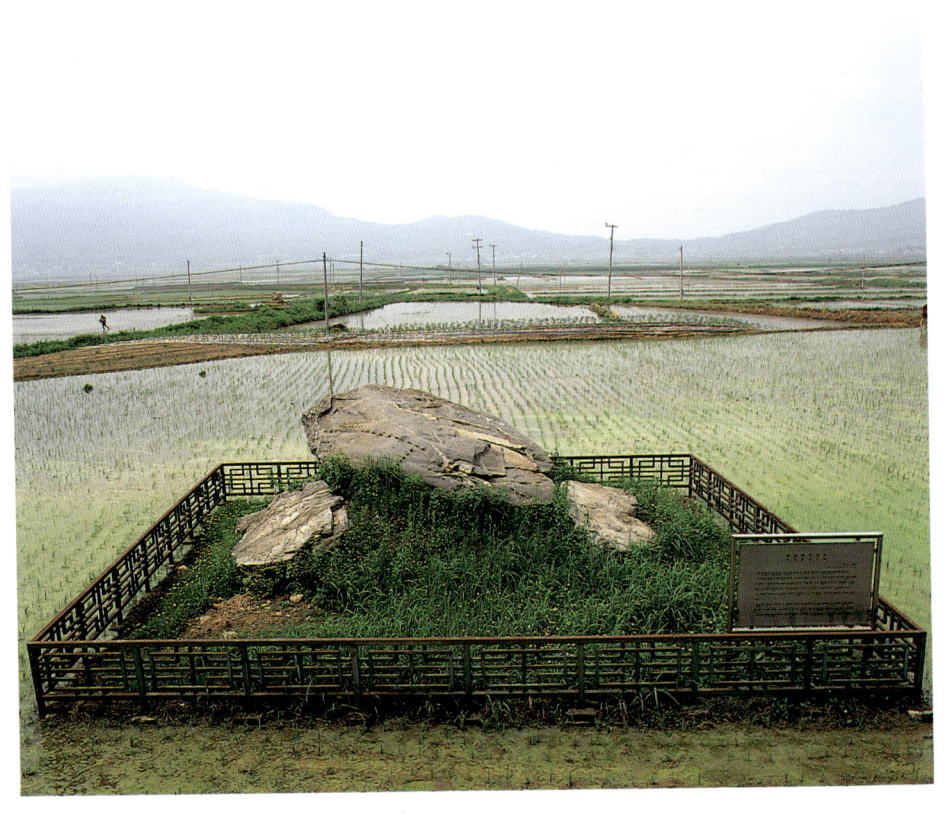

하점면 신삼리 고인돌 무덤 강화도 안에서 가장 낮은 지점인 논바닥에 위치한 고인돌 무덤이다. 해발 5미터 이내의 논바닥에 장대한 고인돌과 덮개돌로 축조된 이 고인돌 무덤도 축조 당시에는 아마 지금처럼 논이 아니라 대지에 세워졌을 것이다.

지만 당시에는 지금처럼 해안선이 내륙으로 깊숙이 들어와 있지는 않았을 것이다. 만일 해안선이 내륙으로 깊숙이 들어왔다면 돌의 운반은 물론이고 고인돌 무덤 자체를 세우기도 힘들었을 것이다.

고려산 서쪽 봉우리인 낙조봉(해발 343미터) 남쪽 능선인 내가면 오상리에 북방식 고인돌 무덤이 1기 있다는 것은 일찍이 알려져 있었으나 새로이 북방식 고인돌 무덤이 9기나 더 확인되었다.

별립산과 봉천산 일대의 고인돌 무덤

고려산 능선은 대체로 사적 제137호 고인돌 무덤이 있는 '고인돌 휴게소' 근처에서 끝나고 다시 봉천산(해발 291미터) 남쪽 기슭으로 이어진다. '고인돌 휴게소'에서 약 1.5킬로미터 지점의 봉천산에서 서북쪽으로 흘러내리는 능선의 끝자락이 밭으로 이어지는 하점면 신봉리 297의 3번지에 남방식 고인돌 무덤 1기가 있다. 또 봉천산 북쪽 기슭 양사면 교산리에는 상당수의 북방식, 남방식 고인돌 무덤이 서로 섞여 흩어져 있다.

이곳에서 다시 1.5킬로미터 창후리 쪽으로 가면 별립산(해발 340미터)의 남쪽 기슭 중심으로 하점면 이강리 일대가 급경사를 이루고 있는데 그 아래 남향으로 수기의 북방식 고인돌 무덤이 흩어져 있다. 동쪽으로 100미터 떨어진 소나무 숲에는 고인돌 무덤의 구조물로 보이는 돌이 여러 개 흩어져 있다.

봉천산과 별립산 북쪽으로 북한의 예성강 하구가 바라보이는 해안에서 불과 2킬로미터 정도 거리에 있는 양사면 교산리에서도 많은 수의 고인돌 무덤이 발견되었다. 교산리는 '고인돌 휴게소'에서 이강리—창후리 쪽으로 가다가 새말에서 오른쪽 철산리행으로 돌아서 새말고개를 넘자마자 다시 왼쪽 양사면 면사무소 쪽으로 가는 길을 잡으면 된다. 면사무소에서 약 500미터쯤 가다 보면 왼쪽 건너편으로 구릉 하나가 쭉 뻗어 있는 마을이 보인다. 바로 이 마을 뒷산의 해발 20미터 정도

되는 능선 위에 10기의 고인돌 무덤이 분포하고 있다. 이 마을의 중간 부분인 뒷산 능선에 소나무와 잡목 그리고 잡초에 둘러싸인 고인돌 무덤이 최근 필자에 의하여 새로이 빛을 보게 되었다.

능선 윗부분에 있는 무덤은 대형의 판상 북방식 고인돌 무덤이고 이 무덤을 중심으로 150미터 이내에 흩어져 있는 다른 것들은 대부분 남방식이다. 교산리 고인돌 무덤은 지금까지 알려진 강화 고인돌 무덤들 가운데 가장 북쪽에 자리잡고 있는 것이다. 또한 굄돌이나 덮개돌은 같은 재질로 강화에서 흔히 나오는 화강편마암이다. 무덤 주위에 이만한 석재가 없는 것으로 보아 먼 돌산이나 해안에서 바위를 운반했을 것으로 보인다. 그러나 아무리 가까운 산이라 해도 고인돌 무덤이 있는 고려산의 정상까지가 1.5킬로미터, 앞산인 봉천산과 별립산까지는 각각 2.5킬로미터와 3.5킬로미터 거리이다. 또 해안까지는 적어도 4.5킬로미터 거리이므로 이렇게 먼 거리에서 어떻게 운반했는지도 의심스럽지만 그보다 더 궁금한 것은 큰 판석을 어떻게 캐냈는가 하는 점이다. 산상이나 해안의 자연 판상석을 떼내어서 운반하지 않았을까 하는 추측도 해보는데 이것은 자연 판상석을 떼낸 흔적을 마니산(摩尼山)에서 찾아볼 수 있기 때문이다.

그런데 전북 익산군 금마면 미륵사(彌勒寺) 뒷산인 미륵산(용화산, 해발 342미터) 정상에도 이렇게 자연 판석을 떼낸 흔적이 있다. 이런 대형 판석을 떼내 1.5킬로미터 내지 4.5킬로미터를 운반한다는 것은 지금의 육로 사정이나 운반 수단을 고려해 보더라도 불가능하다. 뿐만 아니라 채석 방법, 운반 도구와 운반 방법은 말할 것도 없고 이것을 적당한 자리에 세우는 건축 공법 따위가 모두 의문스럽다.

아무튼 200명에서 300명 이상의 인력을 동원하여 이들을 지휘, 감독할 수 있는 지도력이나 통치력을 상정해 볼 수 있다. 이것은 오늘날 우리가 '원시적'이란 말로 가볍게 보아 넘기기 쉬운 부분들이다. 이를 통하여 당시 강화도 고대 사회의 사회적 구성과 농경 생활을 중심으로

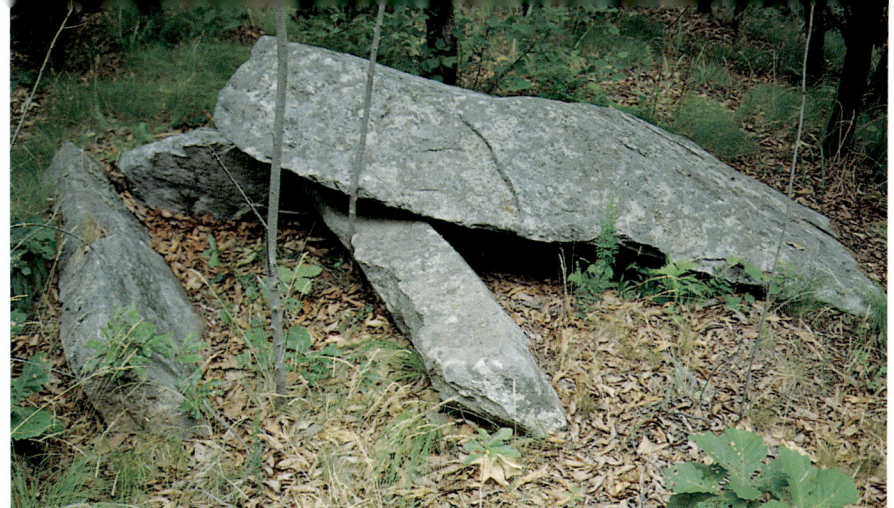

고려산 북록 능선상의 C호 고인돌 무덤 고인돌 무덤 분포상 가장 높은 지점에 위치한 고인돌 무덤이다. 오른쪽은 덮개돌 위에 파논 성혈(姓穴).

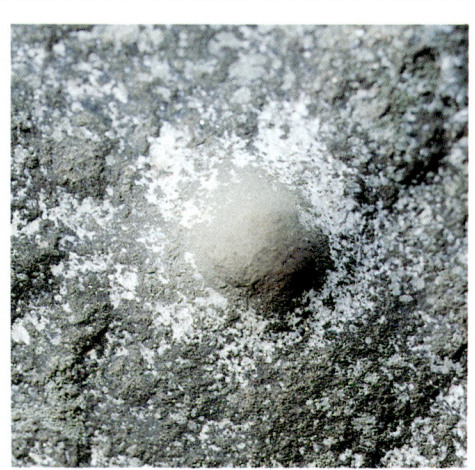

내가면 오상리 고인돌 무덤 고려산 서남록 줄기에서 수기의 고인돌 무덤이 확인되었다. 사진은 전형적인 북방식 고인돌 무덤으로 지상 석실의 내부 모습이다. (아래)

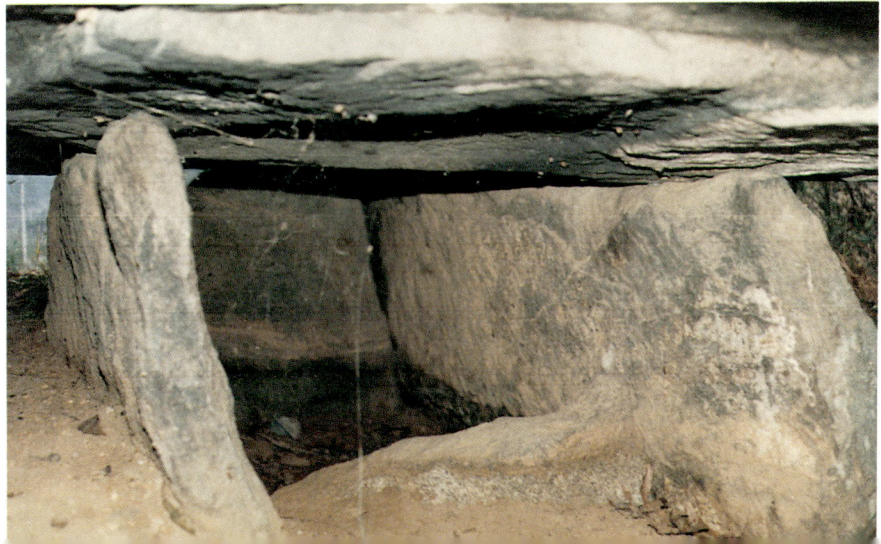

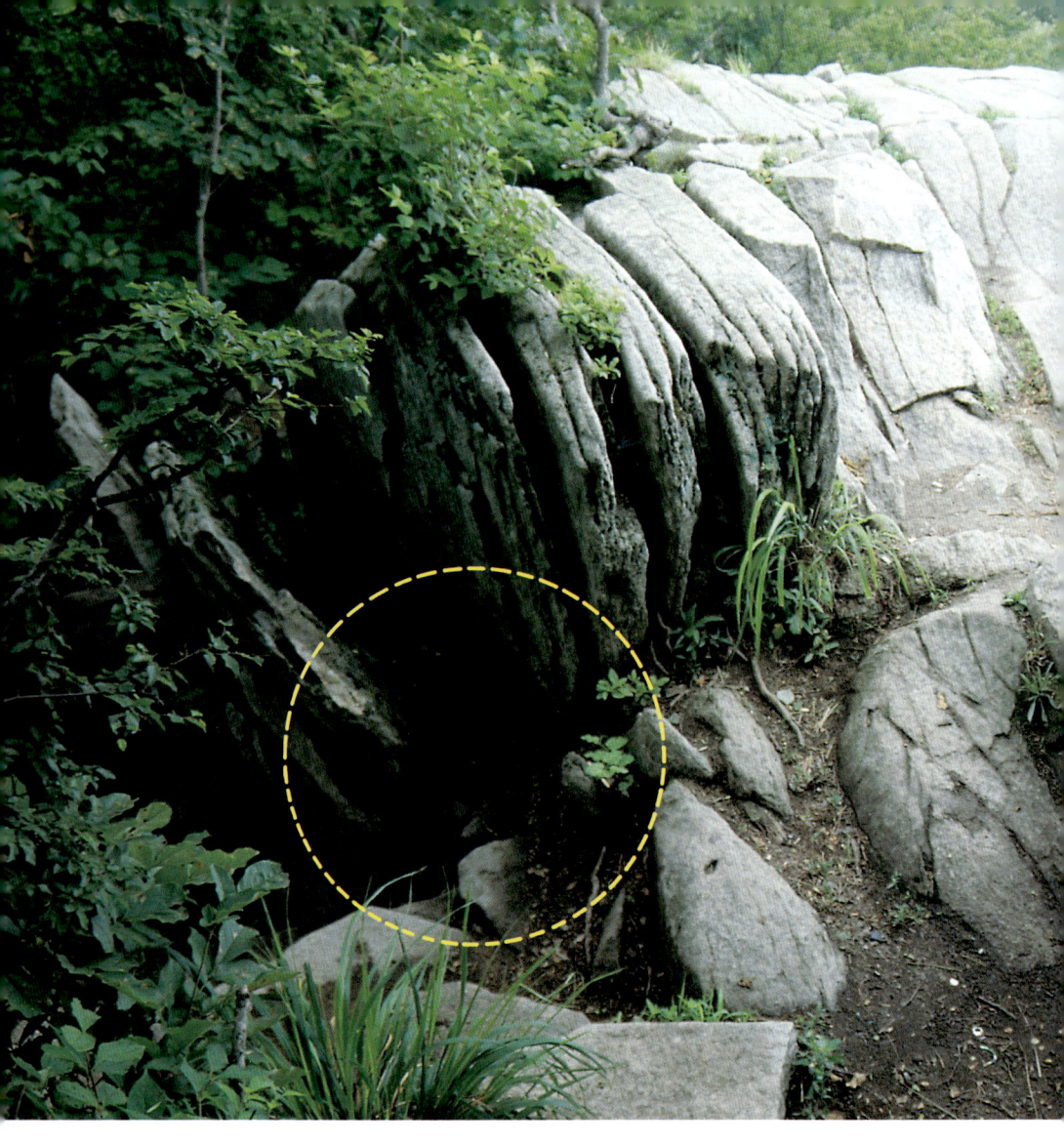

마니산 판석형 암석 강화도 고인돌 무덤의 대형 판석이 어떻게 채석되었는지 가장 큰 의문이었으나 이곳 마니산에 톱니바퀴처럼 용립한 자연 판석을 절취한 흔적인 바위 밑뿌리(岩根)가 보여서 의문이 풀리는 것 같다.

한 경제적 활동, 권력의 집중 따위를 짐작할 수도 있기 때문이다. 특히 하나의 고인돌 무덤을 만드는 데 이와 같은 역학적 구조를 생각할 수 있었다면, 무려 100기 가까운 고인돌 무덤이 불과 반경 4킬로미터 안에 집중적으로 분포되어 있다는 사실은 그 당시에 우리가 지금까지 생각해 왔던 사회 조직보다 훨씬 더 큰 조직이 갖추어져 있었다는 것을 의미하는 것이라 하겠다.

『삼국지(三國志)』위지동이전(魏志東夷傳)에서 "마한에는 50여 개의 작은 나라(小國)가 있다."고 했던 소국들 가운데 어느 하나가 강화도를 중심으로 이 같은 고인돌 무덤 사회를 대변하는 인적 자원과 경제력을 바탕으로 발전했는지도 모를 일이다. 우리나라 고대 국가의 형성 과정에서 중요한 의미를 갖는 이 시기에 고인돌 무덤이 100기 가깝게 집중적으로 만들어졌다는 사실은 이 시기 강화도의 실체를 밝히는 데 매우 귀중한 고고학적 자료이자 역사적 자료가 된다.

발해 연안의 고인돌 무덤은 대체적으로 신석기시대 말기 혹은 청동기시대 초기인 기원전 2000년 무렵에 발생하여 요동 반도에서는 기원전 1500년에서 500년까지 유행했다. 한편 한반도에서는 기원전 8세기에서 7세기 무렵부터 기원전 3세기에서 2세기 무렵에 이르는 시기에 널리 유행했다. 강화도의 고인돌 무덤도 대체로 이 시기에 만들어진 것으로 보인다.

청동기시대의 집자리

1966년에 하점면 부근리 743의 4번지 점골 고인돌 무덤에서 북쪽으로 약 70미터 지점에서 청동기시대 집자리가 발굴되었다.

고려산 북쪽 능선의 끝자락쯤에 자리잡고 있는 이 유적은 작은 신작로가 나면서부터 대부분 파괴되었고 발견될 당시 동쪽 한 벽면의 길이가 2.5미터, 남쪽 벽면이 1.6미터 정도만 남아 있었다고 한다. 반수혈식(半竪穴式) 벽면은 대부분 무너지고 동면만 15센티미터 높이로 남아 있어 형태만 짐작할 뿐 전체적인 윤곽은 알아볼 수 없었다. 그러나 주위의 벽면 아래서 일렬로 작은 기둥을 세웠던 기둥 구멍(小孔)이 발견되었고 이 집자리의 주거면 가운데에서 각형(角形) 토기의 바닥 모양을 갖춘 토기 조각도 출토되었다.

이것은 발해 연안 동쪽의 전형적인 무문 토기 문화의 초기 유형으로 당시까지만 해도 각형 토기가 임진강 이남에서 발견된 것은 강화도가 처음이었다. 이런 유형의 각형 토기는 우리나라 서북부와 랴오닝 성〔요령성, 遼寧省〕, 랴오둥 반도〔요동 반도, 遼東半島〕 일대에 집중적으로 분포되고 있는 청동기시대의 대표적인 토기 유형으로 이러한 초기 각형 토기가 유행한 시기는 대체로 기원전 7세기경부터이다.

이 시기는 강화도 고인돌 무덤의 축조 시기와 잘 부합된다. 따라서 청동기시대 집자리 유적은 고려산 북쪽의 고인돌 무덤을 축조한 인류의 생활 터전이었음에 틀림없다.

고조선시대 문화

현재 남아 있는 고조선시대와 삼국시대의 강화도의 문화 유적과 유물들은 그리 많은 편은 아니다. 참성단, 삼랑성 건립 설화는 고조선시대에 세워졌다고 하나 이들의 돌쌓기 구조에서 삼국시대와 고려시대의 수법을 엿볼 수 있어 쉽게 확언할 수는 없다. 그리고 불교 관련 유적들 특히 절의 경우 창건 설화는 삼국 또는 통일신라시대의 것이지만 남아 있는 유적, 유물은 그 뒤 시대의 것들이 많다. 고조선시대의 유적으로는 우선 참성단과 봉천대 그리고 삼랑성을 들 수 있다.

참성단(塹城壇, 塹星壇)
화도면 흥왕리 마니산(해발 468미터) 정상에 있다.

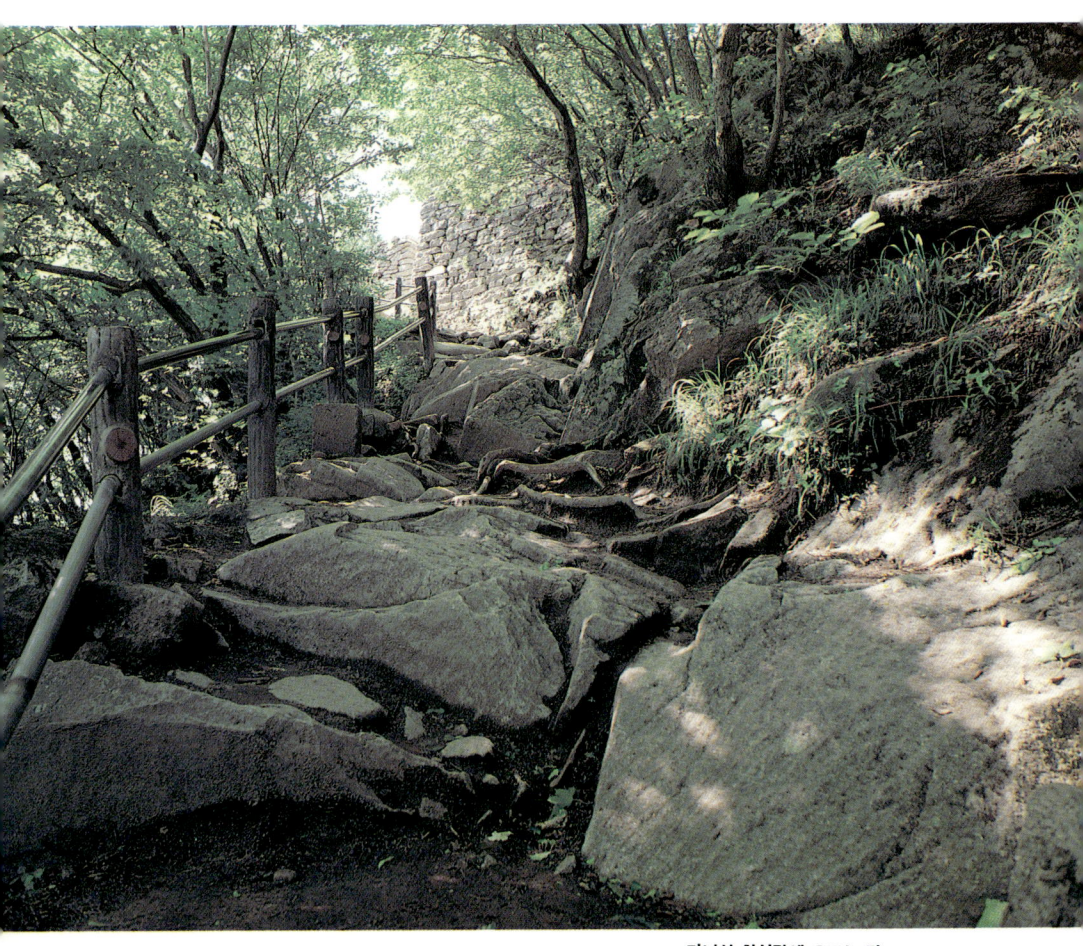

마니산 참성단에 오르는 길

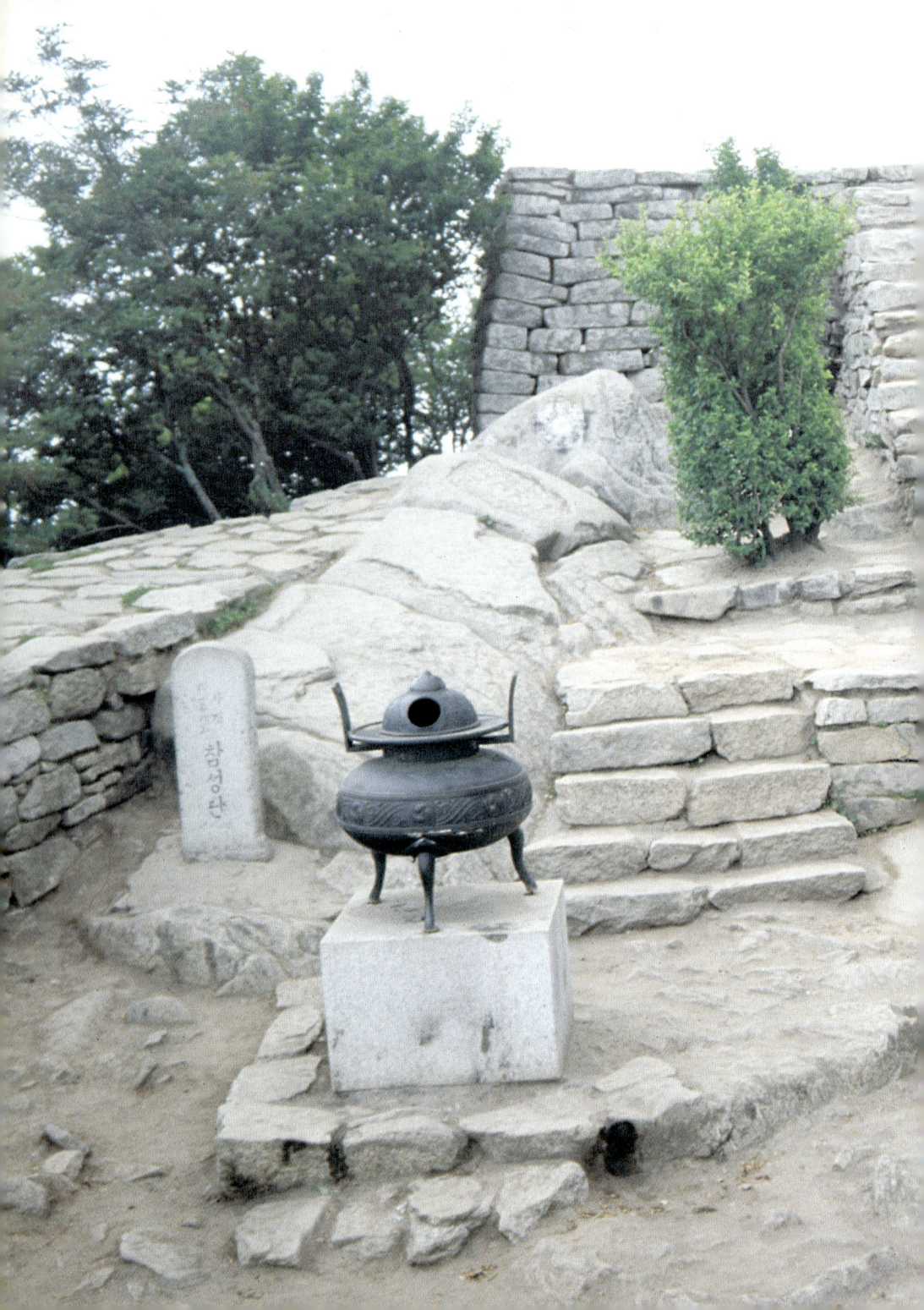

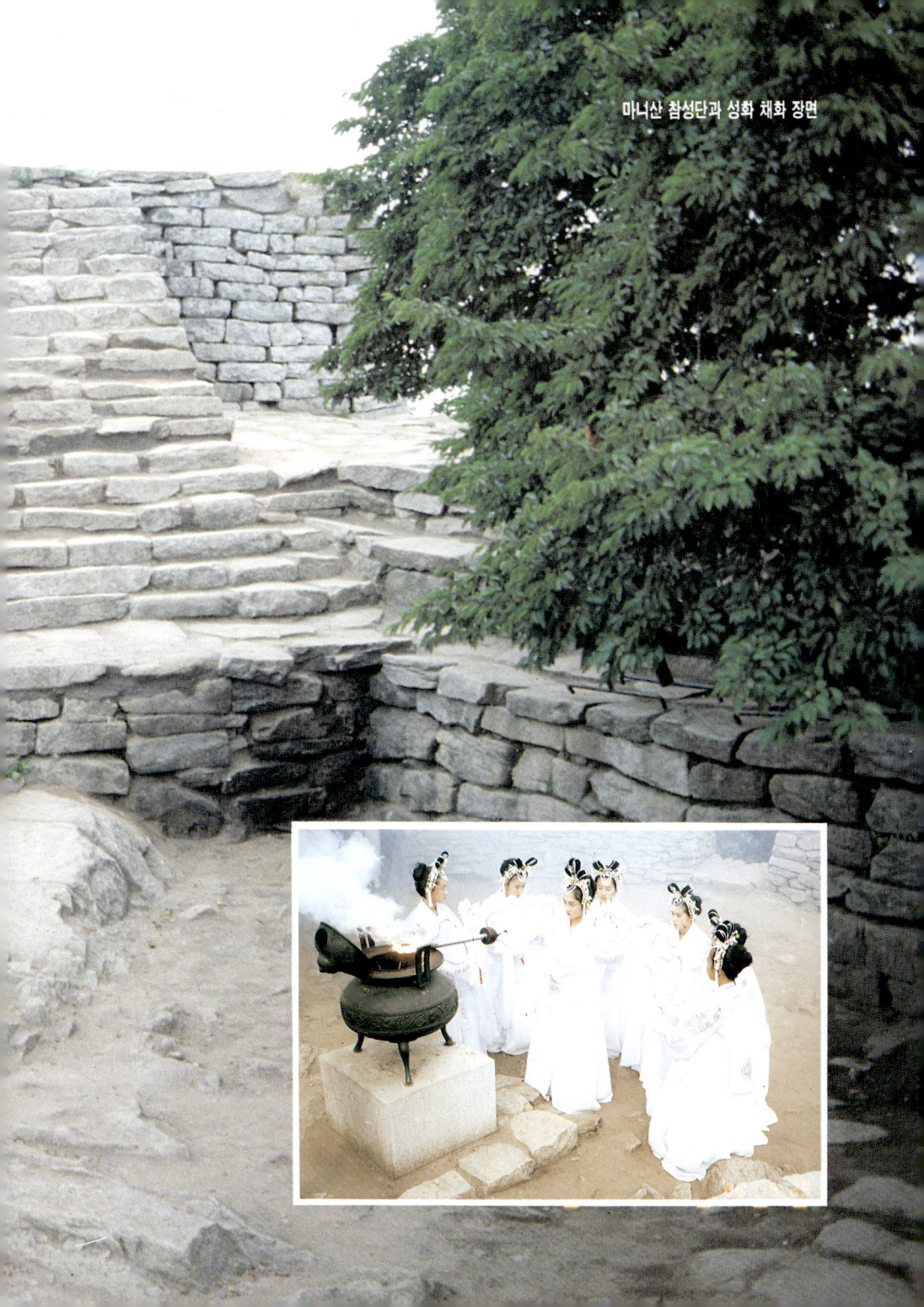

마니산 참성단과 성화 채화 장면

사적 제138호 참성단은 『고려사』 권56 지리지에 보면 "단군이 하늘에 제사드리던 제단(摩利山在府南 山頂有塹星壇 世傳檀君祭天壇)"이라 하였다. 그리고 조선시대에도 고려시대와 마찬가지로 이 단에서 성신(星辰)에 제사드렸다 한다. 그래서 제단 아래에는 태종이 제숙(齊宿)하였던 제궁(齊宮)이 있다고 기록되어 있다. 『삼국사기』 등에 보면 고구려, 백제, 신라의 왕들은 모두 하늘에 제사를 올린 것으로 기록되어 있다. 이러한 제천 전통은 근세 조선까지도 이어졌다.

참성단은 거친 돌을 다듬어 쌓은 제단으로 아래는 둥근 원이며 위는 네모난 방형이다. 이는 하늘은 둥글고 땅은 네모나다는 천원 지방(天圓地方) 사상에서 유래한 것이다. 하단은 지름 4.5미터의 원형이고 상단은 한 변 2미터인 정방형이며 상단 동쪽에 21개의 돌계단이 있다. 상하단의 높이는 벼랑의 높이를 빼고 3~5미터 정도이다.

고려 원종이 이곳에서 초제를 지냈다는 기록이 가장 오래된 기록이고 그 뒤 조선조에 들어와서도 계속해서 이곳에서 제를 올렸다. 고려 말의 대학자 이색(李穡)의 '참성단시'에 "이 단이 하늘이 만든 것은 아닌데 누가 쌓았는지 알 수 없어라."라고 한 것을 보면 이 단은 고려 이전부터 있었던 것 같다.

1270년 고려시대 때 한차례 보수를 했다는 기록이 있고 1639년 조선 인조 때에는 허물어져 다시 쌓았으며 1716년 숙종 때에도 보수 공사를 했다고 한다.

한반도 중앙에 위치하는 마니산은 참성단에서부터 남쪽으로 한라산, 북쪽으로 백두산에 이르는 거리가 똑같다고 한다. 하늘과 땅에 제사드리는 성지로서 으뜸가는 산이며 단군의 행적이 살아 있는 민족 정신의 고향이요, 국풍의 중심 도량이라 할 수 있다.

1953년부터는 전국체육대회의 성화 채화지(採火地)로 지정되어 마니산 정상의 참성단에서 7선녀에 의하여 햇빛으로 점화된 성화를 성화 운반 주자에게 인계한다.

봉천대(奉天臺)

하점면 신봉리 산 63번지 봉천산(해발 291미터)에 있다. 하늘에 제사 지내던 이 봉천대는 높이 5.5미터, 밑지름 7.2미터의 정방형 사다리꼴 모양으로 마치 피라미드와 같이 돌로 쌓은 제단이다.

『강도지』에 고려 때에 축리소(祝釐所)로 사용되었다고 한 것을 보면 나라에서 제천 의식을 행했던 곳임을 알 수 있다. 이 봉천대는 하음 봉씨(河陰 奉氏) 선조의 발상지로 받들어지기도 한다. 그 뒤 조선 중엽에 이르러서는 봉수대로 사용되었다. 봉천산에 오르면 서해와 북녘 땅이 한눈에 들어온다.

봉천산 봉천대

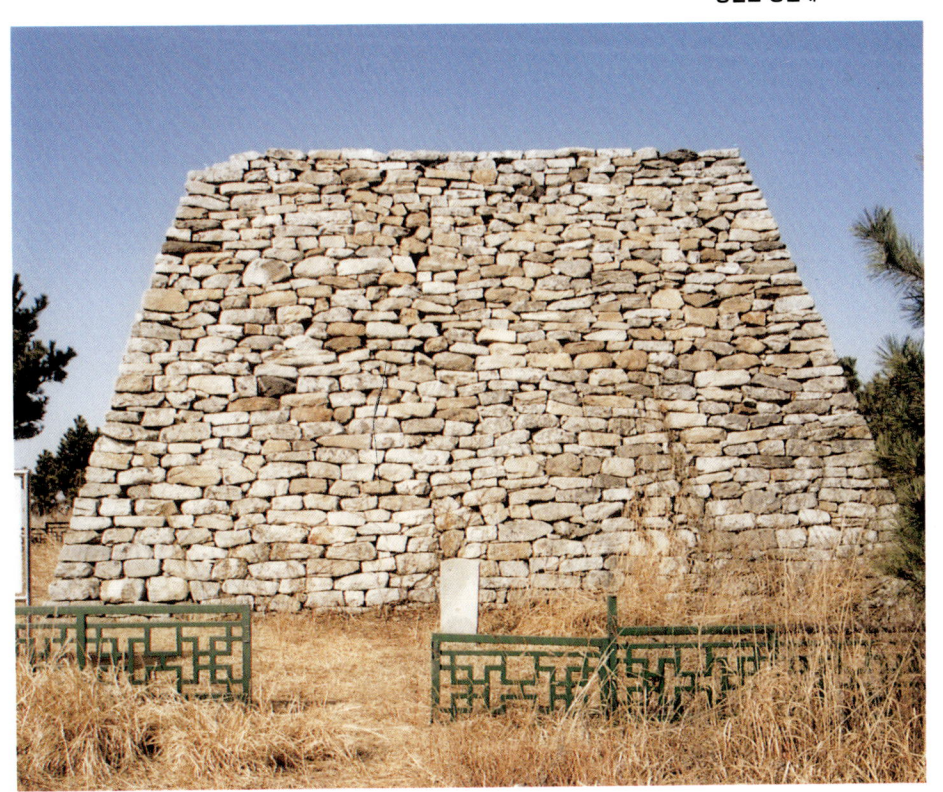

삼랑성(三郞城)

길상면 온수리 정족산(해발 231미터)에 있는 높이 2.3 내지 5.3미터, 사적 제130호의 돌성이다. 그러나 성의 크기에 대해서는 각양 각설로『문화재대관』(문화공보부, 1975년)에서는 1킬로미터라 하고『강화사』(강화문화원, 1983년)에는 둘레 길이가 2킬로미터라 하였으며, 또『강화전사유적보수정화지』(문화재관리국, 1978년)에는 2,944미터라고 하였다.

『고려사』지리지 강화현 전등사조에 전등산을 "삼랑성이라고도 하는데 세상에서는 단군이 세 아들로 하여금 쌓게 했다(傳燈山一名三郞城世傳檀君使三子築之)."는 기록에 따라 삼랑성이라 하였다고 한다.

이 성을 쌓은 연대에 대한 것은 확실치 않다. 그러나 쌓은 기법으로 보면 막돌(할석)을 맞추어 가며 쌓았고 성체 안에 막돌을 채워 견고하게 쌓은 것이 삼국시대 산성 쌓기와 비슷하여 삼국시대의 석성으로 추정하고 있다. 그렇다면 역사적으로 강화도가 고구려에 예속되기 이전인 400여 년간 백제의 중요 강역이었기 때문에 한강의 관문으로서뿐 아니라 백제 전기의 중요한 요새의 역할을 했기 때문에 백제시대의 것이 아닌가 생각된다. 삼랑성은 일명 정족산성이라고도 한다. 정족산성은 주위가 가파른 절벽으로 천험한 요새다. 성의 시설물로는 남문루와 동문, 서문, 북문지가 있다. 또한 성안에는 13개의 우물이 있었다고 하며 고구려시대에 창건했다고 전하는 전등사가 있다.

고려 때에는 고종 46년(1259) 5월에 중랑장 벼슬의 백승현(白勝賢)이 풍수설에 따라 삼랑성 안에다 가궐(假闕)을 지었다. 조선 중기에 와서는 장사각(정족산사고)을 지어 실록을 보관케 했고 선원보각을 지어 왕실 족보를 보관하였다. 이들 실록과 족보는 병인양요 때에 아군이 잘 막아 내어 프랑스 군으로부터의 약탈을 막았다. 그 뒤 전적과 실록은 서울로 옮겨져 오늘날 서울대학교 규장각에 보관되었다. 이 밖에 성안에는 군창과 군기고가 있었다.

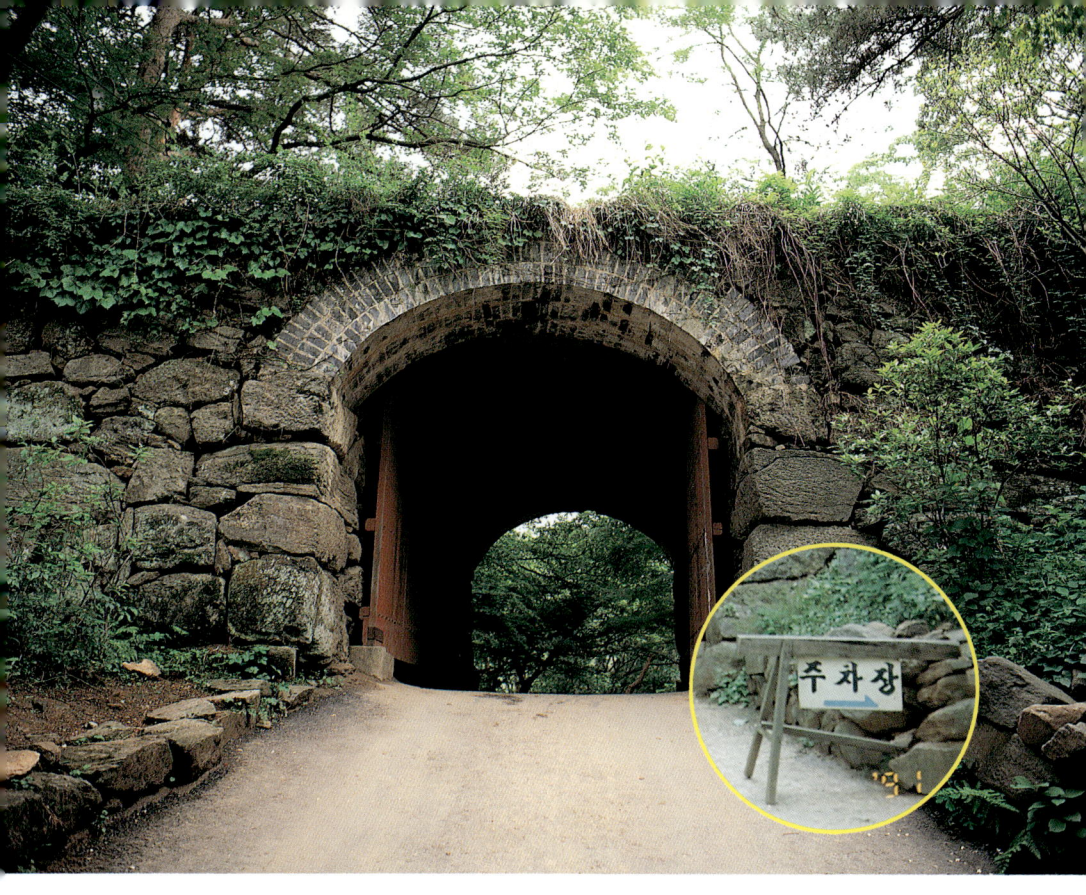

삼랑성 동문 정족산성이라고도 하는 이 성은 전설에 단군의 세 아들이 쌓았다고 하는데 성 밑뿌리는 '주차장'으로 사용되고 있는 것이 인상적이다.

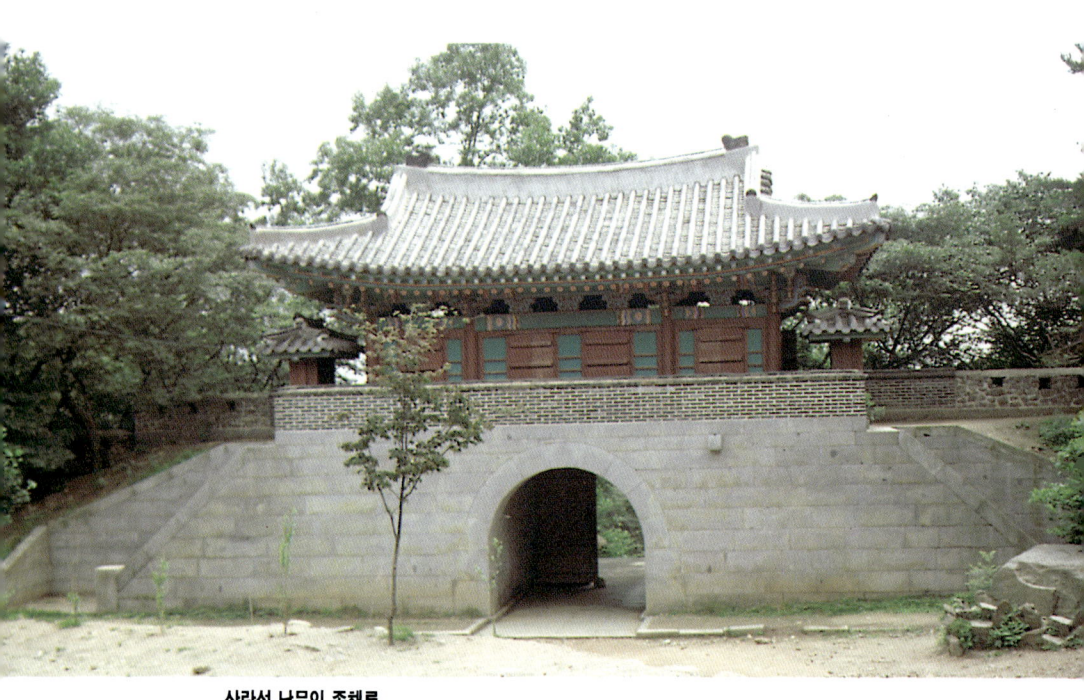

삼랑성 남문인 종해루

삼랑성은 1739년과 1764년 및 조선 말기에 여러 차례 보수 공사를 했다. 1976년에는 남문인 종해루(宗海樓)를 원형 그대로 복원했다. 성의 동문 안에는 1866년 병인양요 때 프랑스 군대를 대파하는 데 큰 공을 세운 양헌수 장군을 기리는 승첩비가 있다. 그러나 이 같은 호국 성지는 동문 기초가 주차장 설치를 위해 잘려 나가고 성벽은 등산로로 개발되어 많은 통행인으로 인해 무너져 내리는가 하면 『조선왕조실록』이나 왕실 족보를 보관했던 사적지는 제대로 조사되지도 않고 방치된 상황에 있다. 뿐만 아니라 장사각과 선원보각 현판은 전등사의 기념품을 판매하는 대조루의 기념품 가게에 기념품들과 함께 걸려 있는 실정이다.

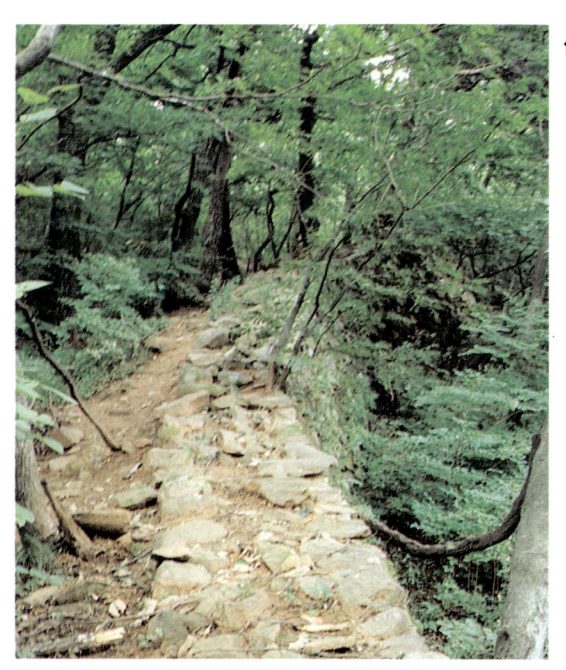

삼랑성 남쪽의 수구문(水口門)

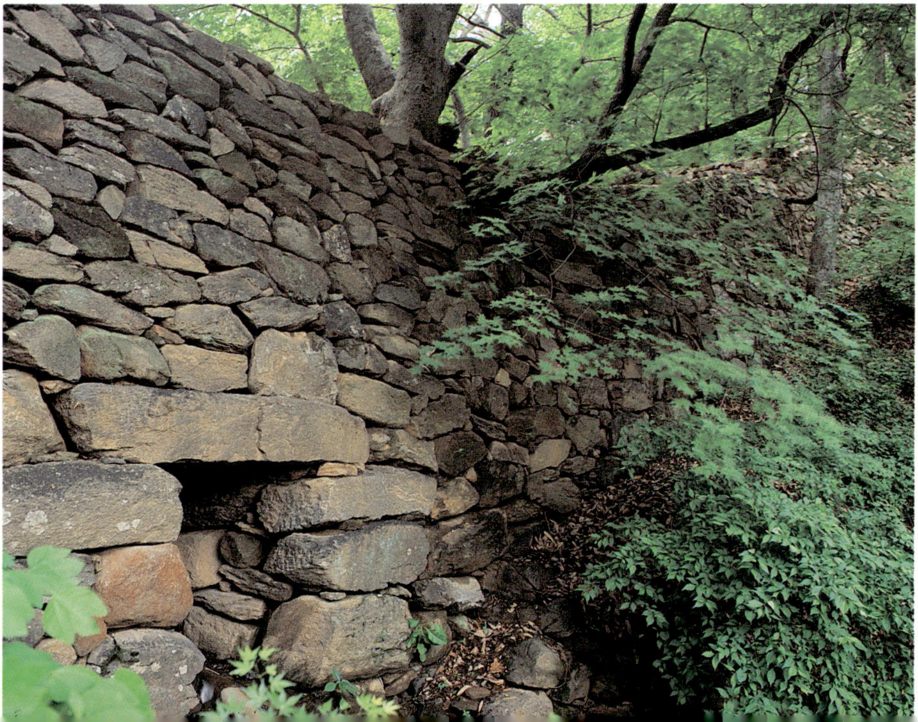

삼국시대와 통일신라시대 문화

강화도의 삼국시대 문화로는 불교 문화가 대표적이다. 물론 이때의 유적과 유물은 별반 남아 있는 것이 없으나 삼국시대나 통일신라시대에 창건되었다고 전해지는 사적에 대해 살펴보려고 한다.

전등사(傳燈寺)

정족산 삼랑성 안에 자리잡고 있는 사찰이다. 고구려 소수림왕 11년(372) 아도 화상이 진종사(眞宗寺)를 연 데서 비롯했다고 한다. 그 뒤 고려 고종 46년(1259) 삼랑성과 신니동에 가궐을 짓게 했다. 그러다가 원종 5년(1264)에는 이 삼랑성과 가궐에서 불정도량(佛頂道場)과 오성도량(五星道場)을 넉 달 동안 열었다.

충렬왕의 원비인 정화(貞和) 궁주(宮主) 왕씨가 불전에 옥으로 된 등잔을 올린 뒤부터 이 절이 '전등사'로 불리게 되었다고 하는 것으로 보아 정화 궁주의 원찰이었음이 분명하다. 『신증동국여지승람』에 의하면 충렬왕 8년(1282) 궁주는 승려 인기(印奇)에게 송나라에 들어가 대장경을 인쇄하여 이곳에 보관하게 했다고 한다. 고려 말의 유명한 성리학자인 이색의 전등사 시(詩) 가운데 "구름과 연기는 삼랑성에 아득하고, 정화 궁주의 원당(願幢)을 뉘라서 고쳐 세우리."라고 읊은 구절로 보아도 삼랑성에 있는 이 전등사가 정화 궁주의 원당(願堂)이었음을 알 수 있다.

조선 현종 원년(1660) 유수 유념(柳捻)이 선원보각과 장사각을 향산으로부터 이곳으로 옮겨 짓고 숙종 4년(1678)부터 실록을 보관하기 시작함으로써 전등사는 사고(정족산사고)를 지키는 사찰로 조선 왕실의 비호를 받게 되었다. 1707년에는 유수 황흠(黃欽)이 사각을 고쳐 짓고 다시 별관을 지어 취향당(翠香堂)이라 하여 보사권봉소(譜史權奉所)로 정했다. 1866년 병인양요를 겪고 난 이후 1909년 서울로 옮겨짐으로써 그 역할을 끝냈다.

　1911년 사찰령의 반포에 따라 전등사는 강화와 개성 6개 군에 있는 34개 사찰을 관리하는 본산으로 승격했다. 1934년에는 전등사에 전문 강원을 설립하고 『전등사본말사지』를 편찬 간행하기도 했다. 전등사의 건물과 유적으로는 대웅전, 약사전, 명부전 등과 같은 것들이 있다.

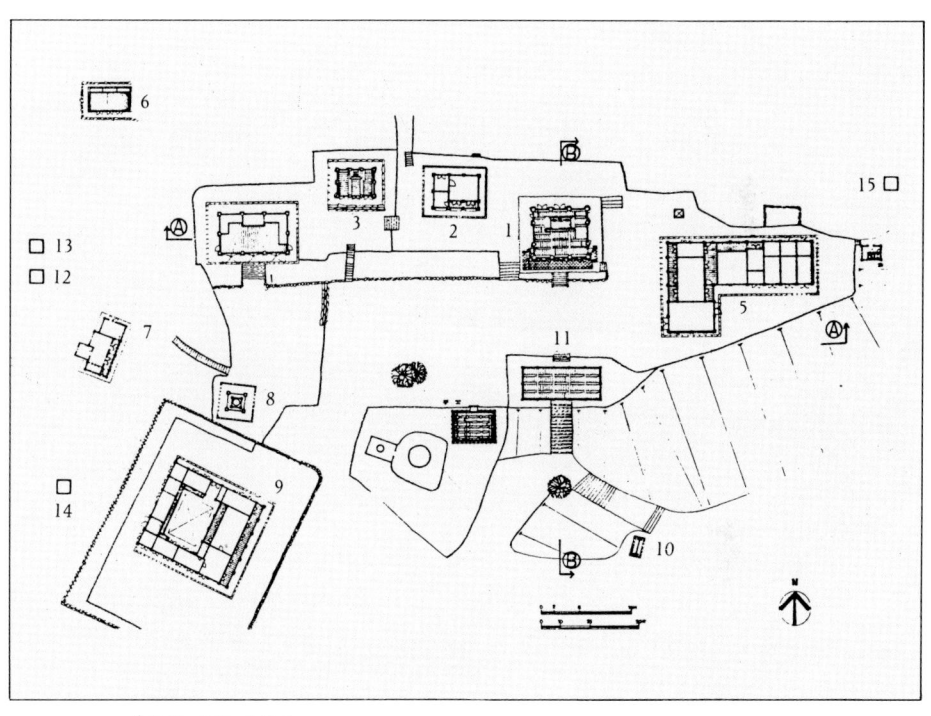

전등사 가람 배치도

1. 대웅전	6. 삼성각	11. 대조루
2. 향로각	7. 극락암	12. 「장사각 터」
3. 약사전	8. 종각	13. 선원보각 터
4. 명부전	9. 적묵당	14. 「군창지」
5. 요사채	10. 안내문	15. 「고려가궐지」(추정)

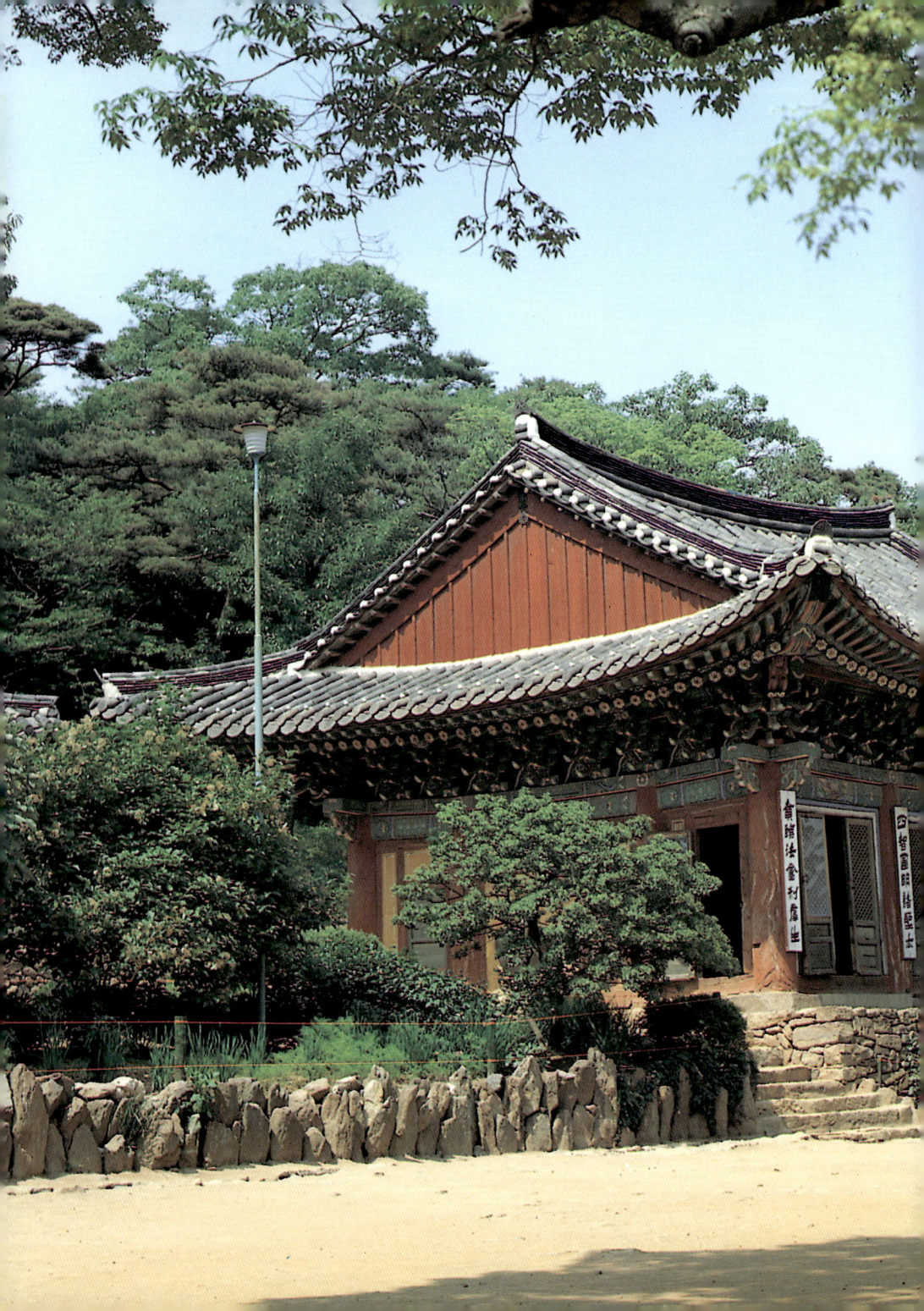

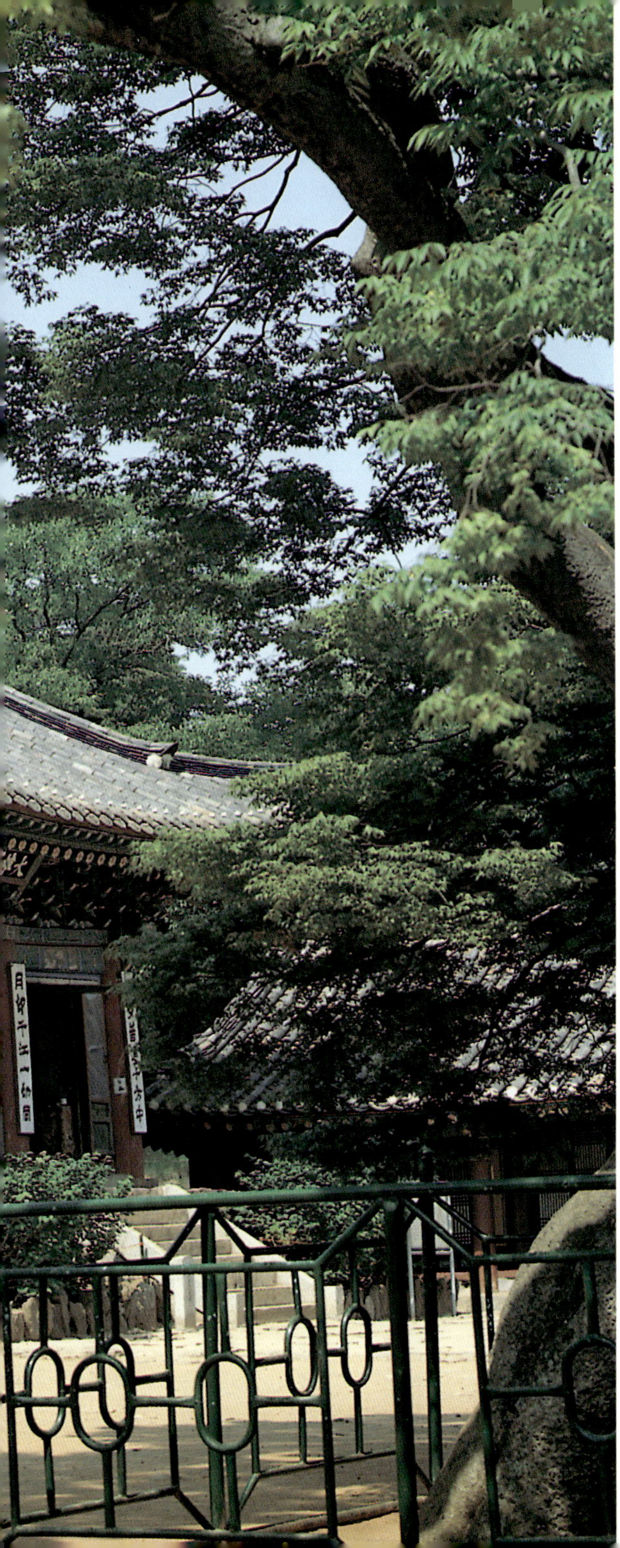

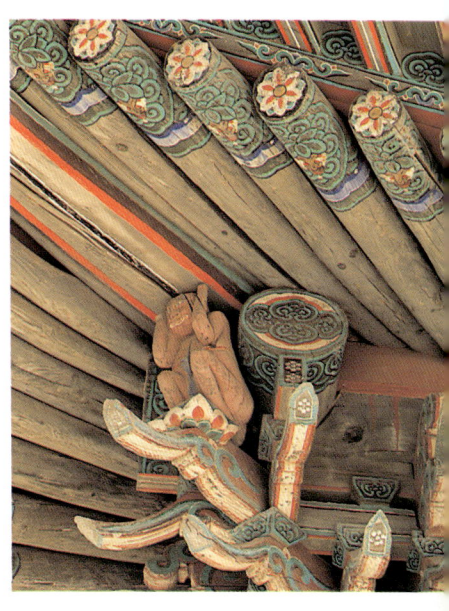

전등사 대웅보전 고구려 때 개창되었다고 전해지는 전등사는 고려시대 정화 궁주의 원찰이었다. 왼쪽은 대웅보전 전경, 위는 처마 모서리의 나상이다.

대웅전(보물 제178호) 현재의 건물은 조선 광해군 13년(1621)에 지은 정면 3칸, 측면 2칸 형식의 목조 건물이다. 정면 3칸은 기둥과 기둥 사이를 같은 길이로 나누어 빗살문을 단 형식이다. 좌우 옆면은 벽이나 앞 1칸에만 외짝으로 문이 있다. 기둥은 대체로 굵은 편이며 모퉁이 기둥은 높이를 약간 높여서 처마 끝이 들리도록 했다. 외관상 나타나는 특징은 우선 비슷한 시기의 다른 건물에 비해 약간의 변화를 보여 주고 있다는 점이다. 곡선이 심한 지붕과 화려한 장식(발가벗은 여인의 모습으로 쪼그려 앉은 인물상, 동물 조각, 연봉오리 조각 등)은 그러한 특징을 잘 보여 준다. 대웅전 내부는 아름다운 목조각으로 만든 불단, 우물천장, 고색 창연한 단청무늬, 비천문, 연꽃 목조각 들이 있어 보는 사람의 눈길을 끈다.

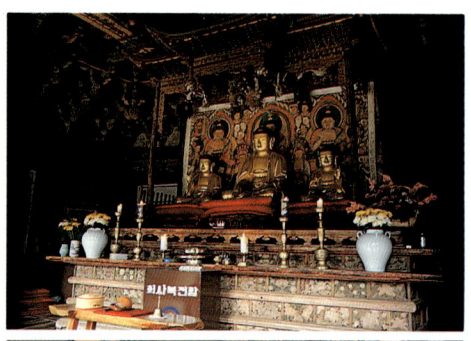

대웅전 내부 전경

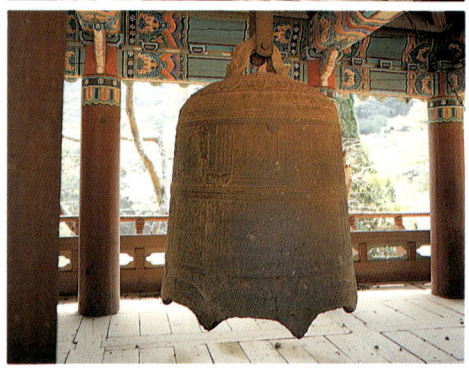

중국 송대의 종

약사전(보물 제179호)　대웅전 서쪽에 위치하는 건물로 대웅전과 거의 같은 양식의 건물이다. 대웅전과 함께 지붕을 수리했다는 기록말고는 다른 기록이 없어 그 창건 연대는 알 수 없다. 건물의 겉모습이나 내부 장식도 대웅전과 비슷하다. 법당 안의 불상은 역시 약사여래 좌상인데 약간 딱딱하지만 아담하고 그런대로 잘 조화된 모습이다. 불상 양식으로 보아 고려 말기에 속하는 석불로 볼 수 있다.

　명부전　약사전 옆 서남쪽에 위치해 있다. 이 명부전을 처음 세운 연대는 알 수 없으나 조선 영조 43년(1767), 헌종 5년(1839), 고종 21년(1884)에 보수했다고 한다. 정면 3칸, 측면 2칸의 건물로 안에는 지장보살을 비롯하여 시왕, 귀왕, 판관, 장군, 동자 등 29구의 상이 있다.

전등사 약사전

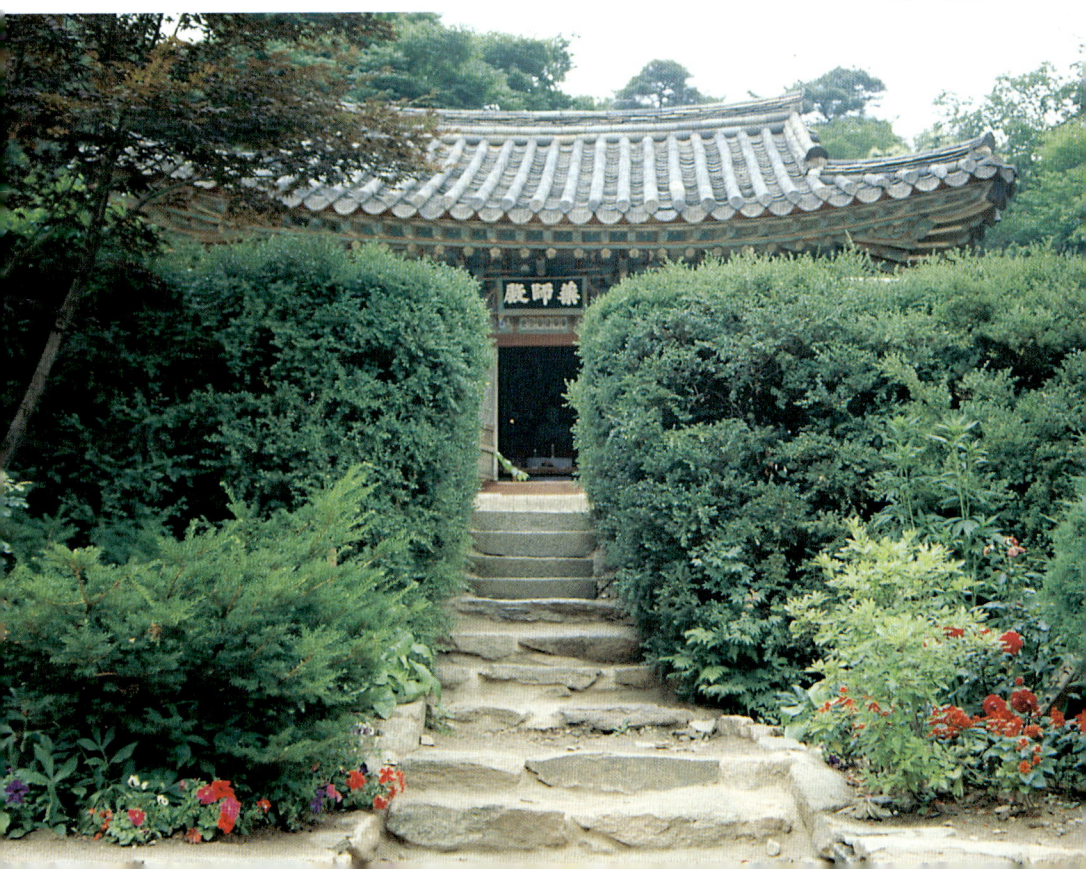

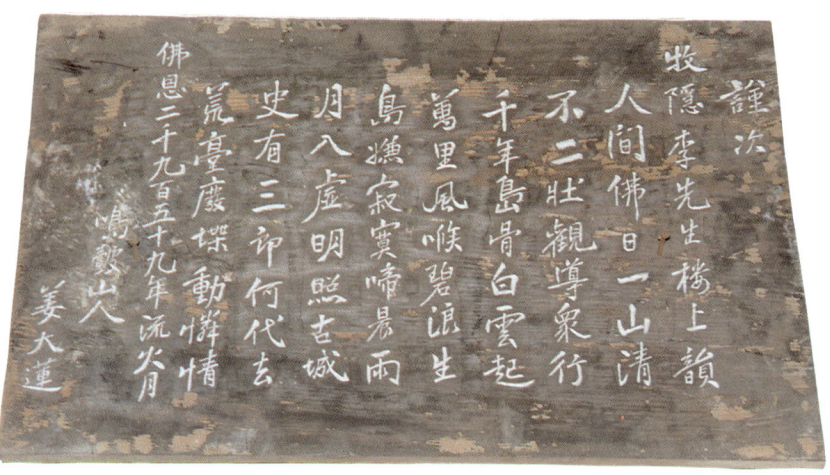

謹次
牧隱李先生樓上韻
人間佛日一山淸
不二壯觀導象行
千年島骨白雲起
萬里風喉碧浪生
島嶼寂寞嘷晨雨
月入虛明照古城
史有三印何代去
荒臺廢堞動惸情
佛恩二千九百五十九年流火
傳燈山人
姜大蓮

대조루에 있는 강대련의 '누상운'

대조루(對潮樓)　대웅전에 이르는 중정 바로 앞에 있다. 아침 저녁으로 밀려오는 조수를 바라본다고 해서 붙여진 이름이다. 오르내리면서 쳐다보면 2층 문루 처마 밑에 '전등사(傳燈寺)'라고 한 현판이 걸려 있다. 앞면은 2층 목조 건물로 그 풍채가 아담한데 대웅전으로 오르는 문루의 역할을 하고 있다. 대웅전에서 바라보면 1층 한옥이다. 조선 영조 25년(1749)에 이 건물을 고친 적이 있고 헌종 7년(1841)에는 다시 지었다고 한다. 1916년과 1932년에 수리와 중건을 거쳐 오늘날과 같은 모습으로 남아 있게 되었다. 그러나 이 사찰 부속 건물이 지금은 온갖 기념품들을 판매하는 일반 건물처럼 사용되고 있다. 더구나 그 유명한『조선왕조실록』과 왕실 족보를 보관하던 사고(史庫)와 보각(譜閣)의 현판이 상품들과 함께 그 안에 걸려 있는 실정이다.

이 밖에도 전등사에는 삼성각, 향로전, 적묵당, 강설당, 극락암 같은 건물들이 있다. 삼성각은 1933년 주지 이보인(李普仁) 대사가 창건했다. 향로전은 정면 3칸, 측면 2칸의 아담한 건물로 지금은 주지실로 사용되고 있다. 적묵당과 강설당은 대웅전과 마주보는 곳에 있다. 적묵당은 선원이고 강설당은 강원을 대표하는 건물이었다. 강설당에 관음상을 모셨다는 기록이 있으나 지금은 남아 있지 않다.

극락암은 절에서 가장 높은 곳에 위치하나 독립된 암자는 아니다. 이 뒤 50미터 지점이 장사각과 선원보각의 건물터로 추정되는 곳이다. 또 적묵당 건너 빈터에는 정족창과 진해창 및 화약고가 있던 군창터 유적이 아닌가 한다.

전등사에 전해지는 유물로 대표적인 것은 보물 제393호로 지정된 전등사 범종이다. 이 종은 우리나라 종과는 형태가 전혀 다른 중국에서 주조된 중국 종이다. 종 몸체에 일부 명문이 남아 있어 만들어진 곳 대송 회주(大宋 懷州), 절 이름 숭명사(崇明寺), 연대(1097년) 등을 밝힐 수 있다. 이 종은 일제 말기에 군수 물자로 징발당해 전등사를 떠나 이곳저곳을 떠다니다 광복 이후 부평 군기창에서 발견되어 다시 이곳으로 옮겨 온 유물이기도 하다.

장경판으로 조선 중종 39년(1544) 정수사(淨水寺)에서 판각한 법화경 목판 104매가 전등사에 남아 있다. 이 밖에 고려시대 전등사 전성기의 유물로 보이는 청동 물동이, 대웅전 안에 있는 옥등과 탱화 등이 주목된다.

정수사(淨水寺)

정수사는 회정(懷正) 대사가 신라 선덕여왕 8년(639)에 정수사(精修寺)란 이름으로 창건했다고 하는데 1426년 함허가 이 절을 중수할 때 법당의 서쪽에서 맑은 물이 발견되어 절 이름을 지금의 정수사로 고쳤다고 한다. 이 샘에서는 아직도 맑은 물이 솟아나고 있다.

정수사는 마니산 동록에 있는 화도면 사기리에 자리잡고 있는데 전등사, 보문사와 함께 강화에서는 빼놓을 수 없는 사찰이다. 마니산을 오른 뒤 남쪽으로 곧바로 정수사에 이르는 길은 좋은 등산 코스가 되기도 한다. 작은 규모였던 이 절은 1903년 비구니 정일(淨一)이 산령각을 창건하면서 크게 중창되었다.

현재 정수사에 남아 있는 유적과 유물은 아주 적다. 건물로는 보물 제161호로 지정된 대웅보전(일명 정수법당)을 비롯하여 산신각, 요사 등이 남아 있을 뿐이다.

대웅보전은 정면 3칸, 측면 4칸의 단층 맞배집으로 조선 초기 건축 양식을 간직하고 있는 우수한 건물이다. 다만 후대의 보수 때문에 초기 와 후세의 양식이 섞인 모습을 볼 수 있다. 유물은 대부분 후대의 것들 로 불상, 탱화, 불경 등 약 20점이 남아 있다.

청련사(靑蓮寺), 적석사(積石寺), 백련사(白蓮寺)

전설에 의하면 중국 진(晉)나라 때 인도 스님이 우리나라에 와서 절터 를 물색하던 중 강화 고려산에 머물다가 산꼭대기에 다섯 색깔의 연꽃이 만발한 것을 보고는 이 다섯 종류의 연꽃을 날려 떨어지는 곳마다 가람 을 지었다고 한다. 그 절들이 바로 청련사, 백련사, 적련사(적석사), 황련 사, 흑련사이다. 그래서 고려산을 처음에는 오련산(五蓮山)이라고 불렀 다고 한다.

청련사 청련사는 강화 유일의 비구니 사찰이다.

적석사 청련사에서 서쪽으로 2킬로미터 지점에 있는데 처음 이름은 전설대로 적련사(赤蓮寺)였다.

백련사 적석사 북쪽 1킬로미터 지점에 있다. 순조 6년(1806)에 의해당(義海堂)의 사리비와 부도가 세워졌다. 의해당은 서산 대사의 6세손에 해당하는 선맥을 이은 스님이다.

보문사(普門寺)

보문사는 내가면 외포리에서 배를 타고 가야 하는 강화도에 딸린

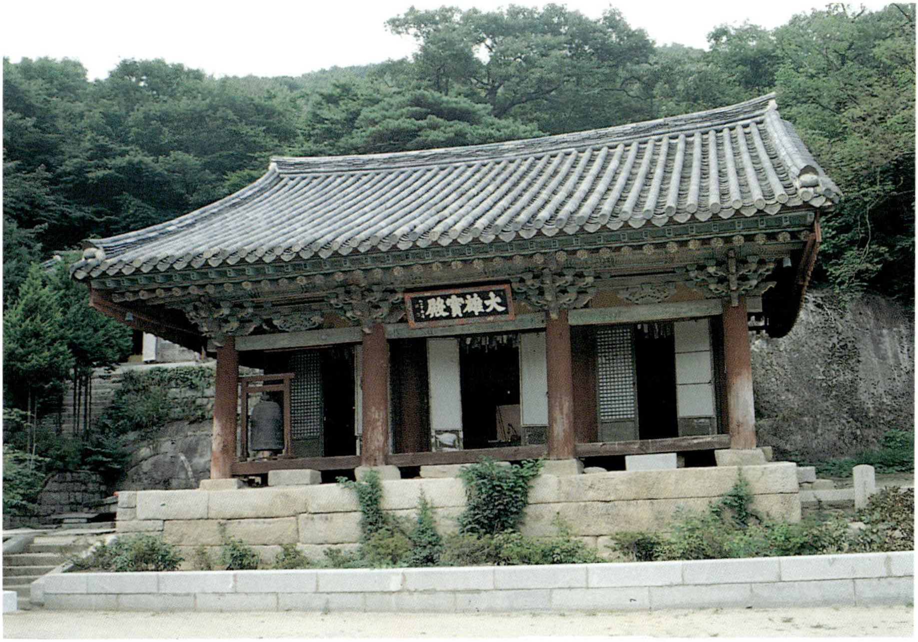

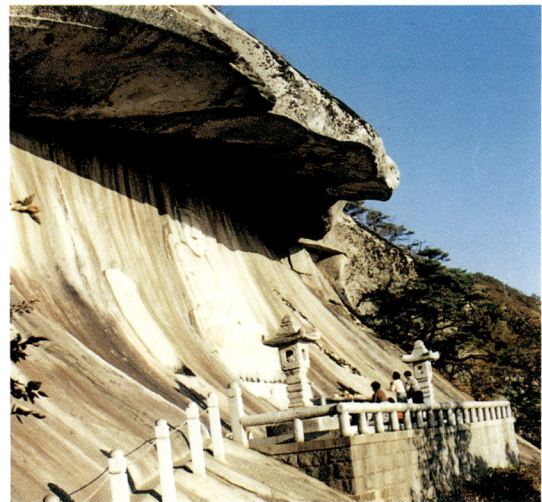

정수사 정수사에는 정수법당이라 부르는 대웅전
(보물 제161호)이 유명하다. 맞배형 문의 건축은
고려 말 조선 초의 대표적인 건축 양식이다.(위)

보문사 마애 여래상 (오른쪽)

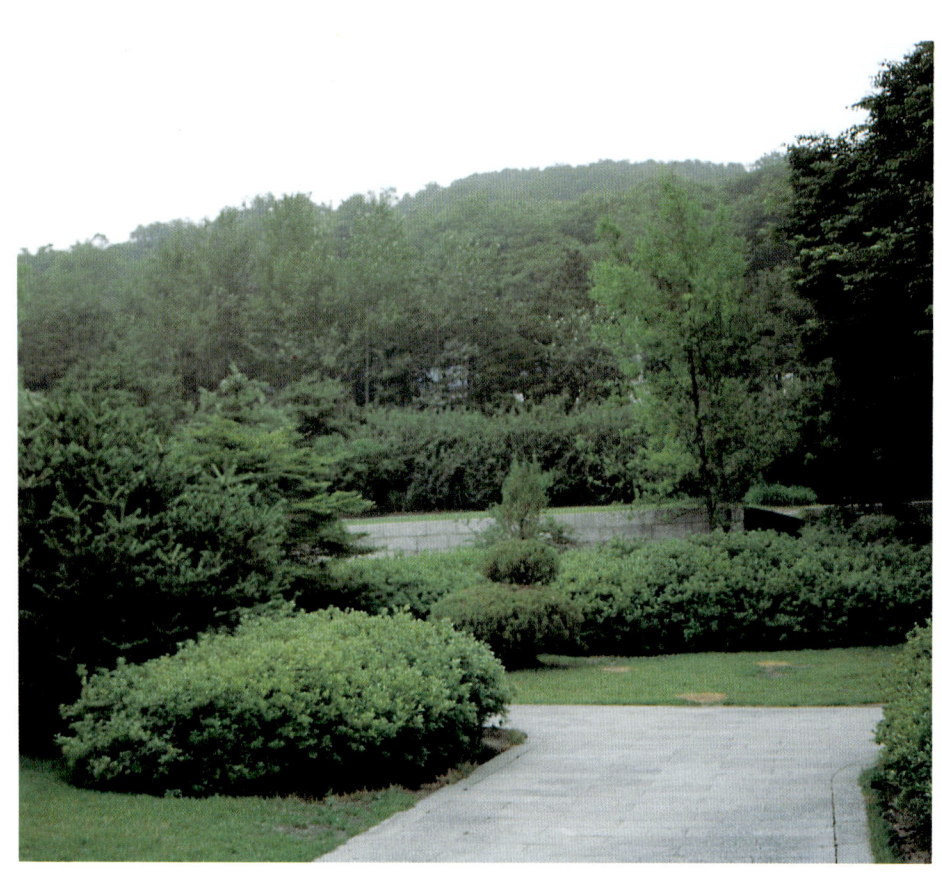

고려궁 터 강화읍 관청리에는 고려시대의 궁궐 일부만이 남아 있고, 일부는 조선시대 유수부 건물이 들어섰다.

2개의 큰 섬 가운데 하나인 석모도(石毛島) 삼산면 매음리 낙가산(洛迦山)에 자리잡고 있다.

일찍부터 관음도량으로서 기도드리는 곳으로 이름난 보문사는 신라 선덕왕 4년(635)에 세워졌다고 한다. 곧 635년 회정 대사가 금강산에서 이곳으로 와서 절을 연 다음 관음보살의 성스러운 기운이 서린 곳이라 하여 산 이름을 낙가(洛迦), 절 이름을 보문(普門)이라 했는데 모두 관음보살을 상징하는 이름들이다.

창건 이래 수백년 동안의 사찰 내력은 전해지지 않고 조선시대에 몇 차례 수리, 중창하였다는 '사적기'의 기록이 있다. 이 절을 창건한 지 14년 되던 해인 신라 선덕여왕 때 절 아래 바닷가에서 한 어부가 나한상 22구를 그물로 걷어 올려 절의 오른쪽 석실 안에 봉안했다는 전설이 전해져 온다. 석실은 90제곱 미터의 자연 바위 밑에 있는데 가로 11.3미터, 세로 8미터, 높이 4미터이다. 이 석실은 나한전이라고도 부르는데 어부가 그물로 끌어 올린 나한상에서 유래한 이름이다.

보문사에는 또 낙가산 중턱에 근대(1928)에 조각한 마애 미륵불 좌상이 있으며, 이 절은 사시사철 절경을 자랑하는 것으로 유명하다.

고려시대 문화

앞에서 말한 것처럼 고려 왕실은 몽고의 침입으로 강화로 수도를 옮겼다. 강화가 강도(江都)로 불리기 시작한 것은 이 때문이었다. 강화는 고려 고종 19년(1232)부터 환도한 원종 11년(1270)까지 39년 동안 고려의 도읍이었다. 따라서 강화에는 고려의 문화 유적과 유물이 많이 남아 있다. 그 가운데는 쓰라린 역사를 말해 주는 유적도 있고 고난 속에 피어난 자랑스러운 유물도 있다.

성곽(城郭)

지금 강화도에 남아 있는 고려시대 문화 유적으로는 첫째로 강화읍 관청리 743번지에 있는 고려궁 터와 성곽을 들지 않을 수 없다. 고려가 강화로 도읍을 옮긴 뒤 궁궐을 건립할 때 도성 일부도 함께 세워졌다. 그러나 강화성이 규모 있게 궁의 내성으로 축조된 것은 1234년 1월부터이다.

이때 각도의 도민과 장정을 징발하여 송도의 성곽과 비슷하게 만들었다. 강화 북산을 개성의 송악산과 같은 이름으로 바꾸고 신궁을 지어 연경궁(延慶宮)이라 하였다. 그리고 성문들도 모두 개경(開京) 성문의 이름을 따서 지었다. 고려성은 개성 환도 후 몽고의 강압에 의해 헐렸고 조선조에는 행궁(行宮)과 유수부(留守府)가 있었다.

내성 사적 제132호인 강화산성을 말한다. 강화읍을 둘러싸고 있는 산성으로 처음에는 고려 시기의 도성을 그대로 사용하였다. 고려시대에는 흙으로 쌓았으며 그 규모가 대단히 커서 강화읍 북산에서 선원면에 걸쳐 있었으나 그 뒤 조선 초에 쌓은 내성은 규모가 작은 편으로 동으로 성마루를 지나 북산 도화정 자리, 옛 우시장 자리 곧 지금의 강화읍사무소를 지난다.

고려궁 터로 올라가는 길의 중간 지점으로 병자호란 때 자결한 김상용(金尙容) 선생 기념 비각이 있는 곳이 남문터이며 지금의 강화 향교 앞 하마비가 서 있던 곳이 서문터에 해당한다. 조선시대에 와서는 석축으로 다시 쌓아 강화부의 성곽으로 사용하였으나 지금의 내성은 강화읍의 서쪽과 남북 산자락에 석성이 비교적 잘 남아 있는 반면 동쪽은 없어졌다.

중성 고려 고종 37년(1250)에 쌓은 토성이다. 동문 쪽 강화읍 옥림리에서 시작하여 성문고개, 북산, 용장고개, 연화동을 거쳐 남산을 돌아 선행리, 찬우물, 대문리고개로 산등을 따라 도문고개 현당산, 창리 뒷산에 이르는 성이다. 성문은 거의 송도 성문들의 이름을 따서 지었다. 조선

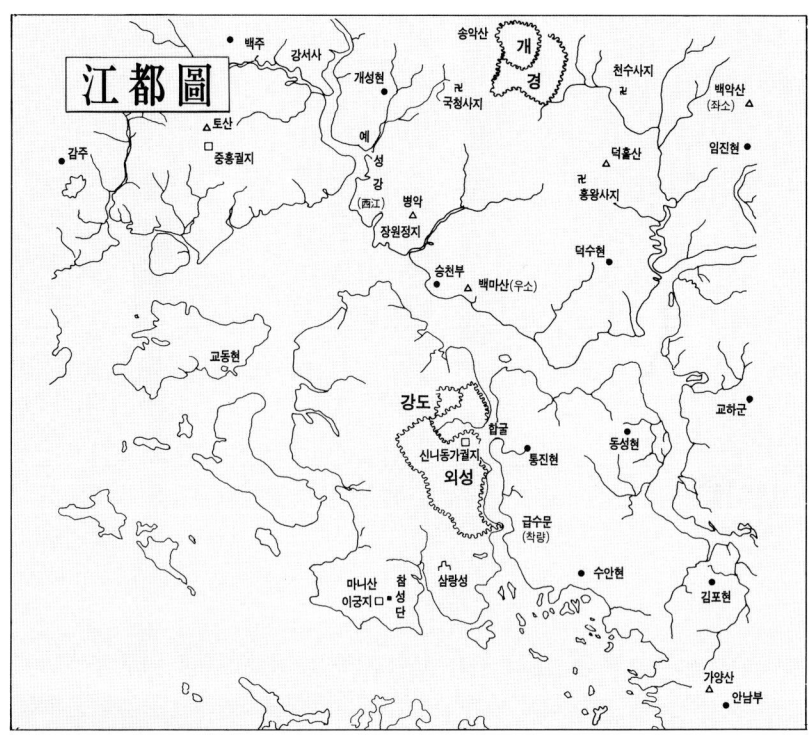

고려시대 강화도와 주변지도

시대에 와서 내성을 축조하면서 성문고개로부터 남산까지 적당히 그 자리에 증축을 한 것 같다. 중성에는 문이 8개소 있었으나 지금은 거의 다 무너지고 문터만 남아 있는데 그나마도 제대로 그 위치나 형태가 파악되지는 않는다.

외성 토성으로 축조되었으며 외적으로부터의 침입을 방지하기 위한 요새지이다.『고려사』에 의하면 고종 24년(1237)에 강화의 성을 축조했다고 한다. 주로 강화의 해안선을 따라 쌓았다. 성의 길이는 북쪽의 강화읍 월문리 휴암돈에서 시작하여 남쪽으로 길상면 초지리 초지돈까지 이어진다. 장성이라고도 하는데 높이가 7미터, 너비가 1.5미터에 누문이 6개, 수문이 17개소 있었다.

강화 외성 멀리 더리미돈(가리산돈) 쪽으로 전신주가 지나가는 토축이 외성이다.

외성의 대부분은 고려시대의 유적이나 조선조에 와서도 적북에서 초지에 이르는 사이에 치첩(稚堞), 화살구 또는 총안(銃眼)을 4,740개 만들었다. 또 광해군 때에는 무찰사 심돈(沈惇)을 시켜 토축을 쌓게 했다. 영조 19년(1743)에는 강화유수 김시혁(金時奕)이 벽돌로 개축하기도 했는데 이것이 바로 강화전성(江華塼城)이다. 그 뒤 외성 둘레에 돌로 성문루 6개, 암루 6개, 수문 17개소를 만들었다.

교동 고구리(古龜里)**산성** 일명 화개산성이라고도 하는데 산성은 교동읍 화개산(해발 269미터) 정상에서 바다를 면한 고구리와 읍내리, 상룡리에 이어지는 산성이다. 고려시대에 쌓았다고 하는데 어쩌면 고구려시대일지도 모르겠다. 성벽은 두께가 약 21센티미터 정도, 높이는 가장 높은 곳이 약 5미터 정도이다.

『교동지』에 의하면 내외성이 있었다고 하나 지금은 내성만 남아 있다. 그리고 성안에는 연못과 우물이 있고 군창터도 있었다고 한다. 서해를 방어하기 위한 요새였던 셈이다.

강화도에는 이 밖에 고려성으로 마니산성, 고려산산성, 하음산성, 현당산성 등이 있다.

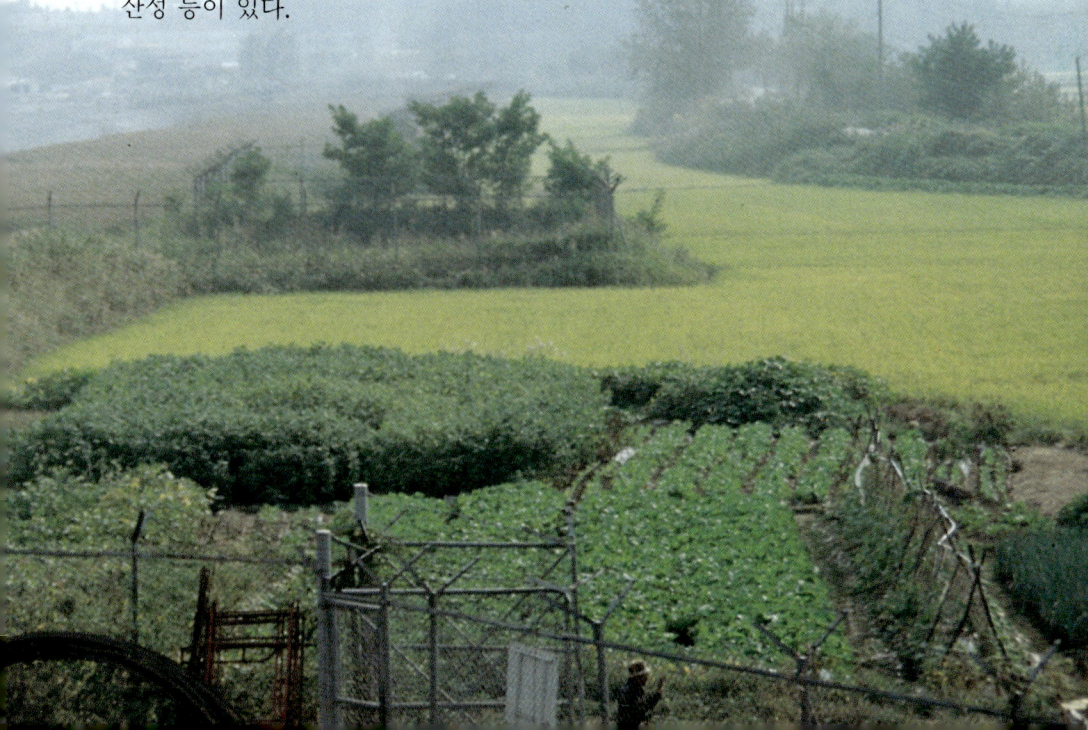

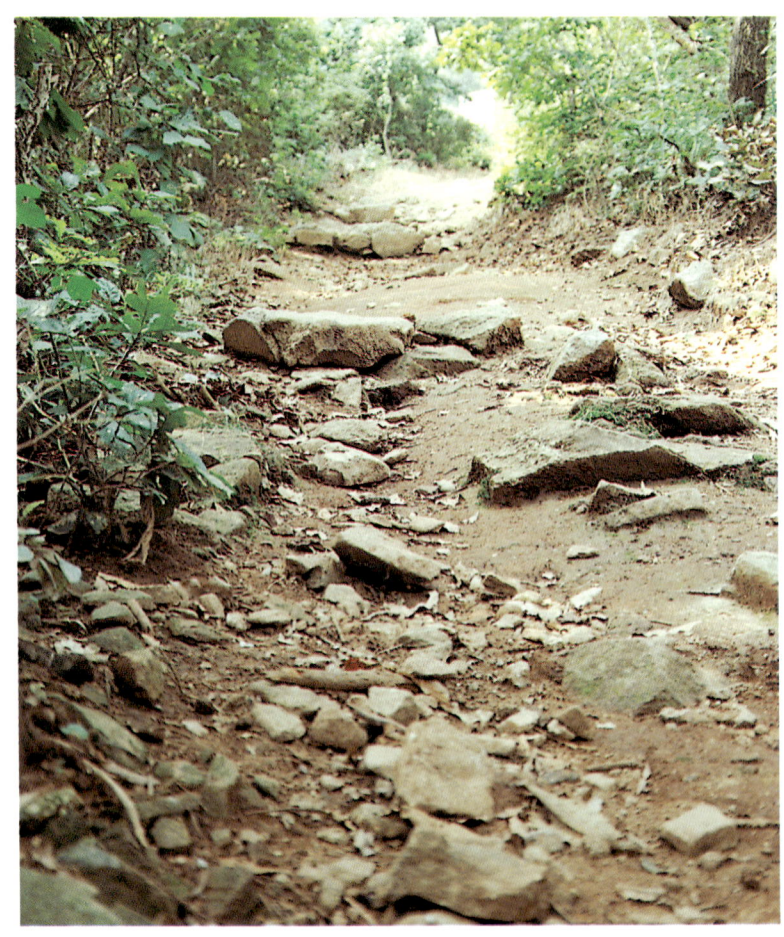

고려 홍릉 고려산 남록 중턱에 위치한 고려 고종(1213~1259년)의 능으로 사적 제224호이다. 능 조역(兆域)에는 간단한 상석을 마련하고 좌우에 석인 한 쌍씩을 세웠다. 위는 홍릉에 오르는 길의 모습이고 옆면 위는 능 전경, 아래는 석인상이다.

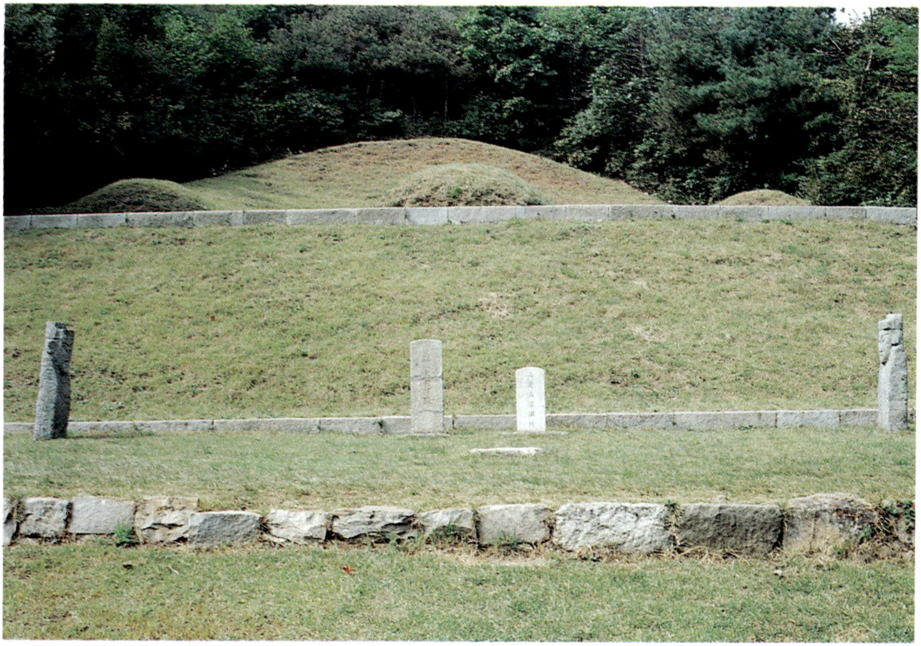

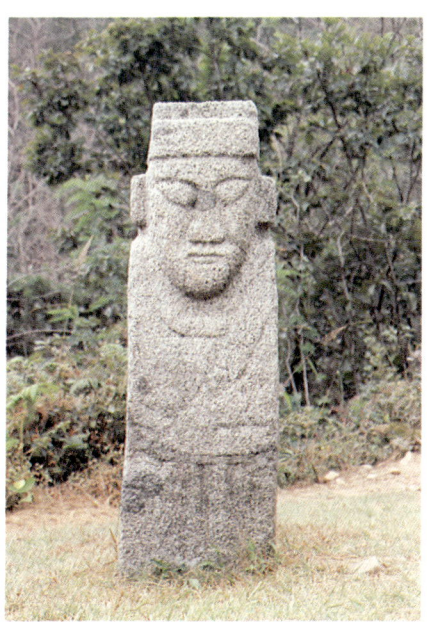

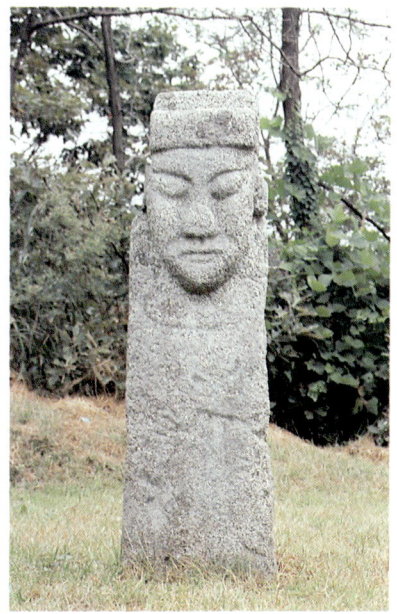

고려궁(高麗宮) 터

사적 제133호로서 강화읍 관청리 북산 남쪽에 있다. 3층으로 된 기단 위에 궁궐의 건물터가 있다. 고려가 도읍을 옮긴 뒤 몽고의 침략에 항거하던 39년 동안 강화에 궁궐이 세워졌는데 현재 그 터를 비롯하여 여러 유적과 유물이 남아 있다.

고려는 고종 19년(1232) 6월에 최우(崔瑀)가 왕에게 권하여 천험한 요새인 이곳 강화로 도읍을 옮긴 뒤 이령군(二領軍)을 발동하고 각도의 민정을 징발하여 궁궐과 관청 건물을 세우기 시작, 고종 21년(1234)에 완성했다. 비록 천도한 지 얼마 지나지 않은 때였으나 궁궐의 풍모는 사뭇 송도의 그것을 방불케 하였다.

고려궁 터는 지금의 강화읍 관청리 북산(송악산) 중턱이다. 이곳에는 본궁인 연경궁을 비롯하여 14개의 작은 궁궐 건물들이 만들어졌었는데 원종 11년(1270) 5월 몽고와 강화가 성립되어 개성으로 환도한 뒤에는 궁궐과 성의 대부분이 무너지거나 불타 없어졌다.

조선시대에는 행궁이 있었고 1633년에는 강화성이 청나라 군에게 함락되는 치욕을 당하기도 했다. 그 뒤 이 궁터에는 강화 유수부의 건물들이 들어섰는데 이때의 동헌과 이방청이 지금도 남아 있다. 그러나 조선시대의 장녕전(長寧殿)과 규장외각(奎章外閣)은 병인양요 때 프랑스 군에 의해 불타 없어졌다. 고려시대의 흔적은 당시의 기와쪽이 축대에 묻혀 있을 뿐 찾아볼 수가 없고 게다가 담 밖 원래의 고려궁 터 일부로 추정되는 대지에 강화군이 군립도서관을 신축하고 있는 중이다.

고려가 강화로 도읍을 옮기면서는 이궁(離宮)을 비롯하여 궁궐과 관련된 건물들을 지었다. 흥왕(興旺)은 고종 46년(1259)에 세운 것으로 화도면 흥왕리 북쪽 언덕의 옛 흥왕사 자리 근처이다. 지금도 주춧돌과 돌들이 남아 있어 당시 모습의 편린을 보여 주고 있다.

삼랑성 가궐(假闕)은 1259년 중랑장 백승현이 풍수에 따라 세운 것으로 길상면 정족산 전등사 경내에 그 터가 남아 있다. 신니동(神泥洞)

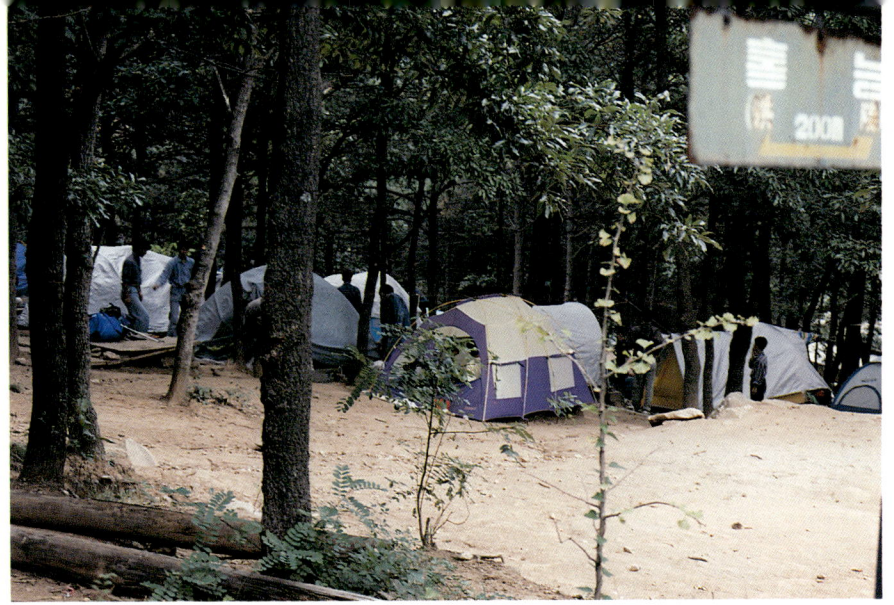

홍릉 앞 청소년 수련장 고려 항몽 39년 동안 28년이나 고려의 종묘 사직을 지켰던 고종의 능림 앞에 청소년 야영장을 만들었다.

가궐 역시 풍수설에 의해 같은 해에 세운 것으로 일설에는 지금의 지산리와 금월리 사이 도문고개 남쪽에 옛터가 있다.

능묘(陵墓)

강화는 39년 동안 고려의 도읍이었기 때문에 왕과 왕비를 비롯하여 귀족들의 무덤이 많이 영조되었다. 그러나 환도한 뒤 관리 소홀 등으로 많은 능이 역사의 뒤안길로 파묻히고 말았다. 조선 현종 때 유수 조복양(趙復陽)이 답사한 결과 네 군데 능소만이 발견될 뿐이었다. 이에 왕씨에게 참봉 벼슬을 내려 봄가을로 제향을 올리고 능들을 관리 보존케 했는데 그나마 갑오경장 이후에는 폐지되었다.

홍릉(洪陵, **사적 제224호)** 고려 23대 왕인 고종(재위 기간 1213~1259년)의 능이다. 현재 강화읍 국화리 157의 2번지 고려산 동남쪽 '경기도 학생 강화 청소년 야영장' 뒤쪽에 있다. 본래는 강화읍 대산리 연화봉에 능소를 지었다가 뒤에 이곳으로 이장한 왕릉으로 규모면에서 초라한 점이 없지 않은데, 이것은 원종이 개성으로 환도한 뒤 몽고 관계 등으로 제대로 돌보지 못한 탓이기도 하다. 고종은 강화도로 천도하여 몽고와 항전하는 한편 부처의 힘으로 국난을 극복하고자 팔만대장경을 조판하는 등 국가 회복을 위해 고군 분투하고 한편으로는 고려 왕통을 끝까지 지켜 고려 왕조를 중흥시킨 임금으로, 이곳 강화에서 세상을 떠났다.

홍릉은 원래 3단의 축대로 영조되었는데 맨 아래에는 정자각(丁字閣)이 있고 제2단에는 석인(石人)과 상석(床石)이 있으며 맨 윗단에 왕릉이 배치된 형식이다. 왕릉의 봉분 아랫부분에는 호석을 두르고 그 주위에 난간을 둘렀다. 석수는 보이지 않고 문무인석만 좌우에 한 쌍씩 남아 있다. 문무인석은 매우 솜씨가 고졸하여 당시의 조각 수준을 잘 반영하고 있다. 그러나 원래 정자각의 흔적은 보이지 않는 등 고려 사직을 지킨 왕릉치고는 관리가 매우 소홀하다.

그뿐만 아니라 홍릉의 보호 사찰인 홍릉사(弘陵寺, 洪陵寺)가 있던 절터는 청소년 야영장의 시설물로 완전히 파괴되어 절터의 축대석이 있던 토축만이 간신히 그 흔적을 보여 주고 있다. 최근에 야영장 바로 뒤에 재실을 짓다가 중단한 상태로 있다.

석릉(碩陵, 사적 제369호)　　고려 제21대 희종(熙宗)의 능으로 현재 양도면 길정리 산 182번지에 있다. 희종은 1204년부터 1211년까지 8년 동안 재위했는데 최충헌의 횡포를 막기 위하여 모의하다가 실패하여 강화 교동으로 유배되어 고종 24년(1237) 용유도에서 세상을 떠났다. 왕릉으로는 체제가 제대로 갖추어지지 않은 초라한 능이다. 직경 8미터의 원형 봉분 주위에 ㄷ자형 곡담을 둘렀고 묘비 하나와 문무인석 2구가 있다. 고려 후기 묘제를 따랐다. 1992년에 사적으로 지정되었다.

가릉(嘉陵, 사적 제370호)　　고려 24대 원종(元宗)의 비인 순경(順敬) 태후의 능으로 양도면 능내리 산 12의 2번지에 있다. 순경 태후가 언제 세상을 떠나 이곳에 묻혔는지는 자세히 알 길이 없다. 당초 이

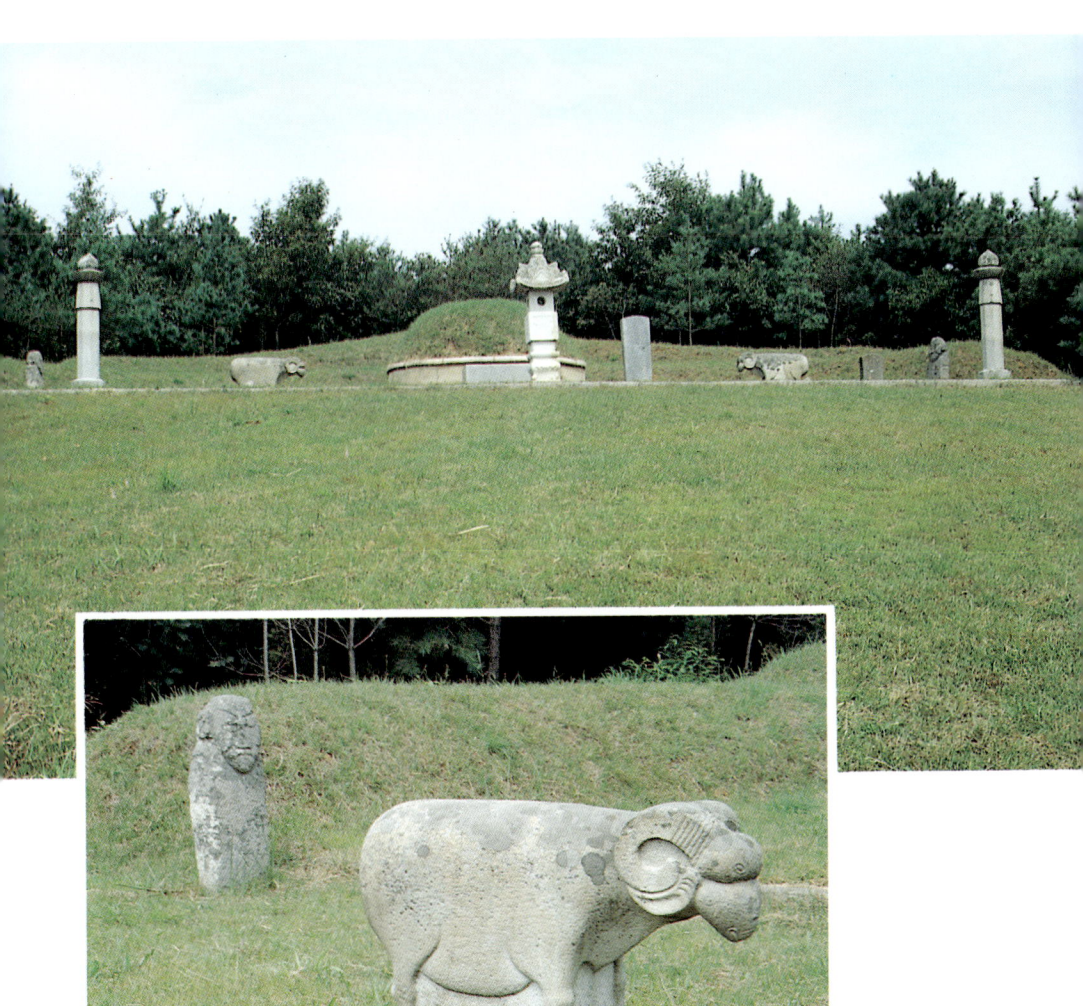

이규보 선생 묘와 석상 길상면 길직리 산 15번지 백운동에 있는 고종 때의 대학자 이규보 선생이 묻힌 곳이다. 아래는 석인과 석양, 석물.

능은 고려 후기 왕실 묘제를 따른 각종 석조물이 세워졌다고 하나 오랜 세월이 흐르는 동안 봉분은 무너지고 석조물은 파괴되어 그 원형이 거의 남아 있지 않다. 최근 새로 단장했다. 1992년에 사적으로 지정되었다.

곤릉(坤陵, 사적 제371호) 고려 제22대 강종(康宗)의 비 원덕(元德) 태후의 능으로 양도면 길정리 산 75번지에 있다. 『고려사』 권88에 보면 고종의 생모인 강종비 원덕 태후는 고종 26년(1239)에 돌아가시어 곤릉에 장사지냈다고 하였다. 따라서 『동국여지승람』에 고종비의 능이라고 한 것은 잘못된 것이다. 고려 후기 왕실 묘제를 따라 문인석과 무인석의 석조물이 있었다고 전한다. 직경 5미터의 원형 봉분 주위에 ㄷ자형 곡담이 둘러져 있고 보존 상태가 양호한 편이며 묘비 1기와 표석 1기가 있다. 역시 1992년에 사적으로 지정되었다.

이규보(李奎報) 선생 묘 고려 고종 때의 대문장가로 집현전 대학사, 문하시랑 평장사를 지낸 이규보(1168~1241년)의 무덤으로 길상면 길직리 상직골에 있다. 무덤은 별 특징이 없이 봉분 앞에 상석과 석등을 각각 하나씩 세우고 좌우에는 망주석(望柱石) 한 쌍이 배열되어 있다. 문무인 석상은 매우 고졸하여 당시의 유풍을 알 수 있는 귀한 조각이다. 그리고 양의 석상도 매우 사실적으로 표현되었다. 역시 고려 시기의 단순한 일반 조각이다.

봉분의 둘레는 16미터, 높이는 1.8미터이다. 넓은 조역(兆域)과 재실을 잘 갖추었다. 이규보의 저서로는 『동국이상국집』 『동명왕편』 『백운소설』 등이 있다. 특히 『동명왕편』은 일대 서사시로 북방 민족에 시달리는 우리 민족의 기상을 고취하고자 했다. 그의 작품들은 고대사를 재구성하는 데 없어서는 안 될 귀중한 문헌이기도 하다.

불교 유적과 유물

고려의 전시대를 통해 불교는 국교로 신앙되어 국가는 물론 백성들의 정신적 지주였다. 따라서 39년 동안 고려의 도읍이었던 강화에는 불교와 관련된 유적과 유물이 적지 않았을 것이다. 그러나 이와 관련된 유적과 유물은 오랜 세월을 지나면서 원형을 잃거나 파괴, 유실되어 지금은 얼마 남아 있지 않다.

선원사 터(禪源寺址) 선원사 터는 선원면 지산리 산 692의 1번지 일대에 있다. 강도 시대의 실력자 최우의 원찰로 한때 그 규모를 자랑했던 거찰이었다고 한다. 선원면 선행리 선원면사무소가 위치하고 있는 마을에서 더리미 돈대 쪽으로 한참 가다 보면 왼쪽에 낮은 능선이 있고 조금 넓은 대지가 보이는데 이곳이 바로 선원사 터로 추정하고 있는 지역이다. 1977년에 사적 제259호로 지정되었다.

강화도로 도읍을 옮긴 최우는 대몽 항쟁을 위한 국민 총화의 일환으로 선원사를 세우게 된다. 강화가 도읍으로서의 품격을 갖추기 위해서는 궁궐을 비롯한 여러 건물들이 필요했겠지만 고려의 정신적 지주였던 불교와 관련한 사찰의 건립도 그에 못지않게 중요했을 것이다.

선원사는 당시 송광사와 함께 2대 사찰로 손꼽힐 정도로 중요한 사찰이었고 그에 걸맞게 신망이 두터운 고승들이 이 절의 행정을 맡았다. 사찰에는 금붙이로 만든 불상 500기가 모셔져 있었고 1246년에 고종이 선원사에 행차한 기록이 남아 있을 정도로 대단한 사찰이었다. 그러나 환도 후 점차 소외되어 절이 무너지고 마침내는 그 위치조차도 분명하지 않게 되었다.

이 절은 고려대장경을 판각하는 사업과 관련하여 이곳이 대장경을 새기고 그것을 보관하던 간경도감(刊經都監)이 있던 자리가 아니었는가 하는 추측을 가능하게 하는 중요한 사찰이기도 하다. 고려 고종은 몽고 침략을 피해 강화로 도읍을 옮기고 나서 4년 뒤인 고종 24년(1236)에 강화에 간경도감을 설치하고 대장경 간행 사업에 착수했다. 불력(佛力)으로 국난을 해결하려는 불심에서 시작된 이 사업은 그 뒤 16년이란 긴 세월을 거쳐 고종 38년(1251)에 완성되었다.

그런데 이 대장경을 판각한 곳이 어디인지는 아직도 정확하게 밝혀지

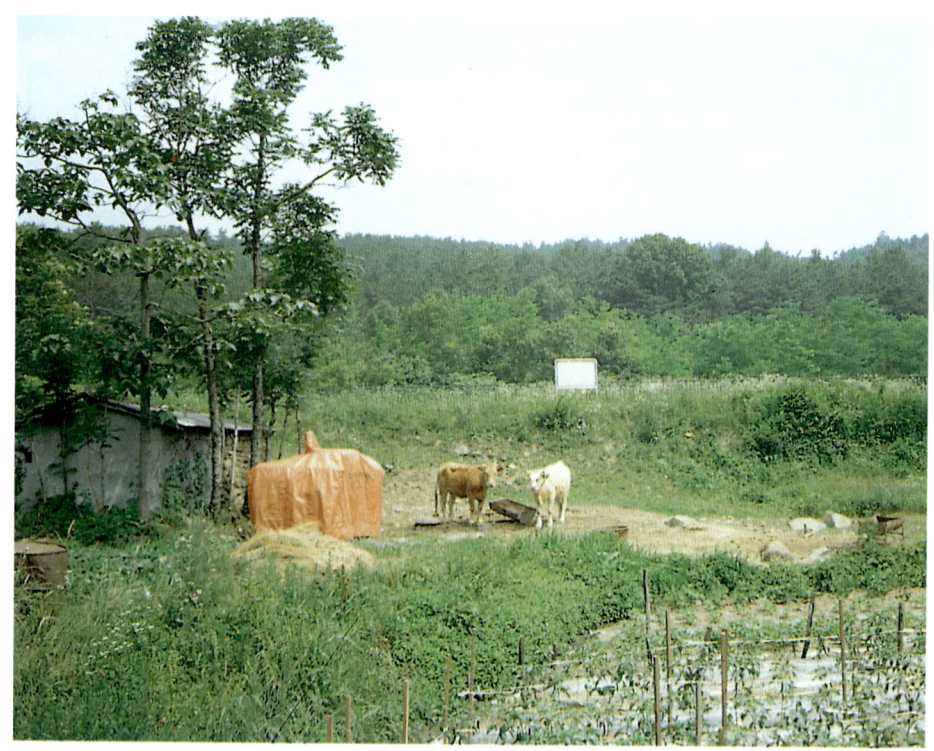

선원사 터 선원사는 고려 고종 때 16년 동안 팔만대장경을 조판했던 절이라고 하는데 현재는 황량하기 그지없는 터만이 남아 있다.

지 않고 있다. 다만 강화도 안의 어느 사찰에서 판각되었으리라는 것은 추측이 가능하다. 그렇다면 『조선왕조실록』에서 태조 7년(1398)에 대장경을 선원사에서 서울로 옮겨 왔다고 한 것으로 보아 당시 강화에서는 가장 큰 사찰이자 실권자 최우의 원찰이었던 선원사에 대장경을 보관하였을 것으로 보인다. 이러한 추측을 증명이라도 하듯 10여 년 전에 이 절터에서 벽돌, 기와, 치미 등 고려 때의 것으로 추정되는 유물이 많이 나왔다.

봉은사 터(奉恩寺址) 5층석탑(보물 제10호) 이 석탑은 하점면 장정리 산 193번지에 있는 고려시대 탑으로 강화에 현존하는 석탑으로는 유일한 것이다. 이 석탑은 구릉 위에 세워졌다는 점이 주목되는데 원래 이 탑이 자리하고 있던 봉은사 절터는 그 둔덕 아래 솔밭이 아닌가 추측하고 있다. 봉은사는 고종 21년(1234)에 왕이 연등 행사를 할 만큼 대단한 절이었다. 이 탑은 발견 당시 넘어져 있었으나 1960년에 보수하면서 다시 세웠다. 많은 부속물들이 없어져 현재 기초 부분, 3층 이상의 옥신, 5층 개석, 상륜부들이 없는 상태이다. 남아 있는 부분들로 보아 전체 높이는 3.5미터 정도의 소형탑이 아니었나 한다.

전체적으로 보아 석재의 질이 약하고 조각 수법도 우수하지는 않다. 탑의 모든 부분이 지나치게 간소한 수법으로 만들어져 있기 때문에 균형이 안 잡히고 둔중한 감을 준다. 전반적인 축조 방법으로 보아 만들어진 연대는 고려 말로 생각된다.

석조 여래 입상(보물 제615호) 하점면 장정리 봉천산 아래에 있다. 높이 2.82미터의 두꺼운 화강암에 낮은 부조로 석가여래를 조각한 것이다. 머리는 소발(素髮)이며 둥근 육계(肉髻)에 얼굴은 비교적 큰 편이다. 눈은 크게 뜨고 입술은 두터우며 귀는 매우 길다. 목에는 삼도(三道)가 뚜렷하고 법의는 통견으로 발까지 덮고 있다. 오른손은 여원인(與願印)을, 왼손은 시무외인(施無畏印)을 하고 있다. 광배는 화염문으로 조각되었고 두광과 신광을 함께 갖추고 있다. 고려시대 불상으로서는 비교적 아름다운 조각으로 지금은 전각에 잘 보존되어 있다.

백련사(白蓮寺) 철조 아미타불 좌상(보물 제994호) 하점면 부근리 231번지 고려산 북쪽에 있는 백련사 관음전에 봉안되어 있는 이 불상은 철조 도금의 아미타여래 좌상으로 높이가 51.5센티미터, 무릎 너비가 34.0센티미터인 고려 후기 불상이다. 길상좌(吉祥座)에 선정인(禪定印)을 하고 있고 얼굴은 단아하며 몸이 전체적으로 균형이 잘 잡혀 있고 옷의 표현도 매우 유려하고 아름답다.

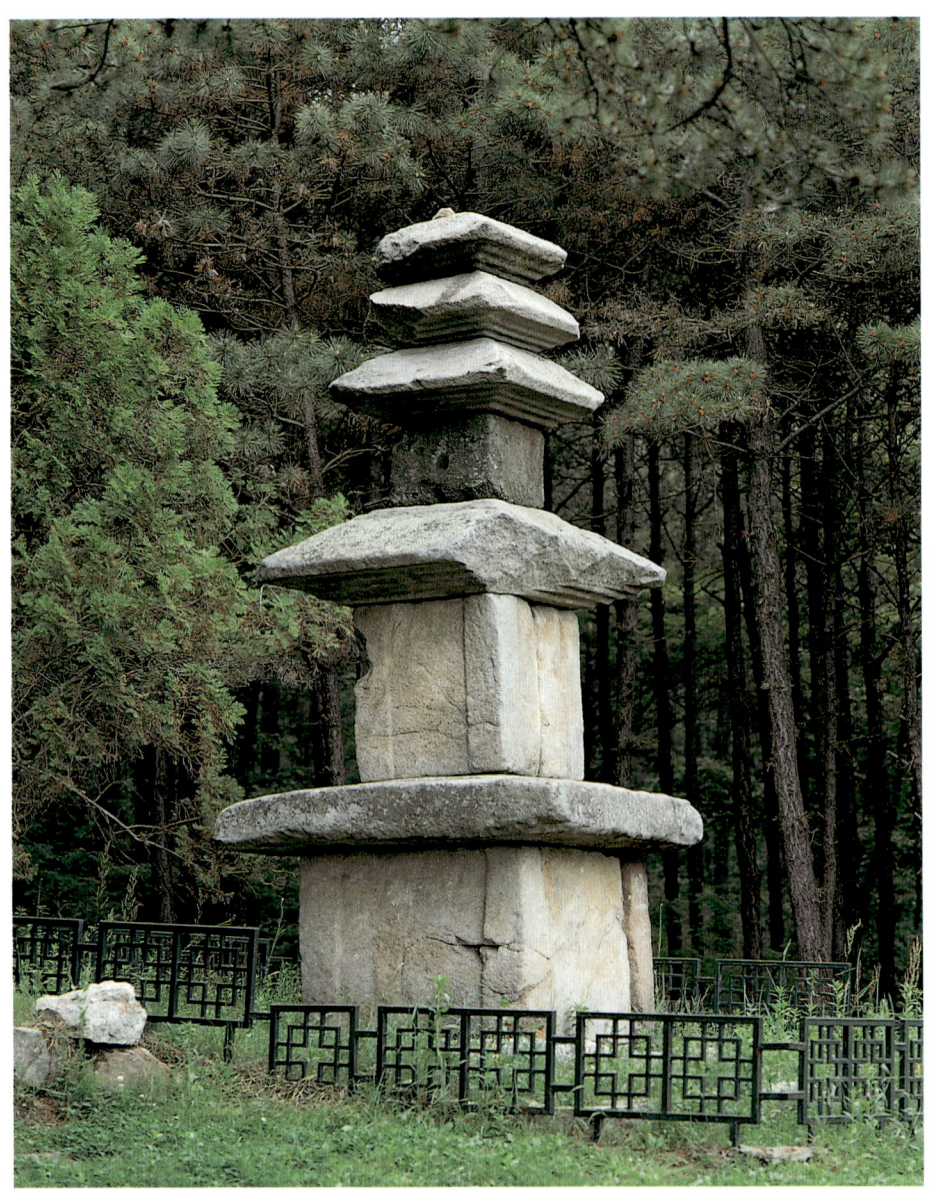

봉은사지 5층석탑 하점면 장정리 봉은사지에 남아 있는 석탑으로 강화도에서는 유일한 고려시대 석탑이다.

기타 유적과 유물

연미정(燕尾亭)   강화읍 월곳리 242번지 해변에 있다. 고려 때 고종이 이곳에서 학생을 공부시켰다고 한다. 한강과 임진강이 합류하여 한 줄기는 서해로, 한 줄기는 인천해로 갈라지는 것이 마치 제비꼬리 같다 하여 연미정이란 이름이 붙었다. 또한 이 정자의 지붕 생김새와 추녀가 실제로 날아갈 듯한 겹처마로 되어 있어 연미정이란 이름이 붙을 만하다. 연미정은 10개의 돌기둥 위에 팔작지붕으로 겹처마를 올렸는데 짧은 나무 기둥 위에 도리를 두지 않은 전면 3칸, 측면 2칸의 민도리집이다. 조선조 중종 때 삼포왜란에 공을 세운 황형(黃衡)에게 주었다고 한다.

인조 5년(1627) 정묘호란 때에는 이곳에서 청과 강화 조약을 체결했다. 그 뒤 퇴락하여 강화부에서 1744년에 중건했고 1891년에는 큰 보수 공사가 있었으며 1931년에도 보수를 했다. 한강과 임진강 어귀와 강화 해협을 한눈에 내려다볼 수 있는 절경이나 아직 일반인이 자유롭게 드나들지 못해 아쉽다.

조선시대 문화

조선시대의 문화는 고려시대와 마찬가지로 역시 국방 문화가 주류를 이룬다. 조선 태종 때는 강화를 도호부로 승격시켜 국방상 그 위상을 중시했다. 그리고 이와 함께 김포, 양화, 통진, 교동의 모든 진(鎭)을 통괄하는 군사상의 요새지로 부각되었다. 그래서 경기병마절도사가 강화부사를 겸임하게 되었다.

정묘호란과 병자호란을 치르고 난 효종은 강화에 진과 보(堡) 및 돈대(墩臺)를 설치하여 국방을 강화했다. 강화에 조선시대 군사 문화(軍事文化)가 많이 남아 있는 것도 이 때문이다. 우리나라에서 가장 좋은 본보기가 될 수 있는 진정한 군사 문화 유형이기도 하다.

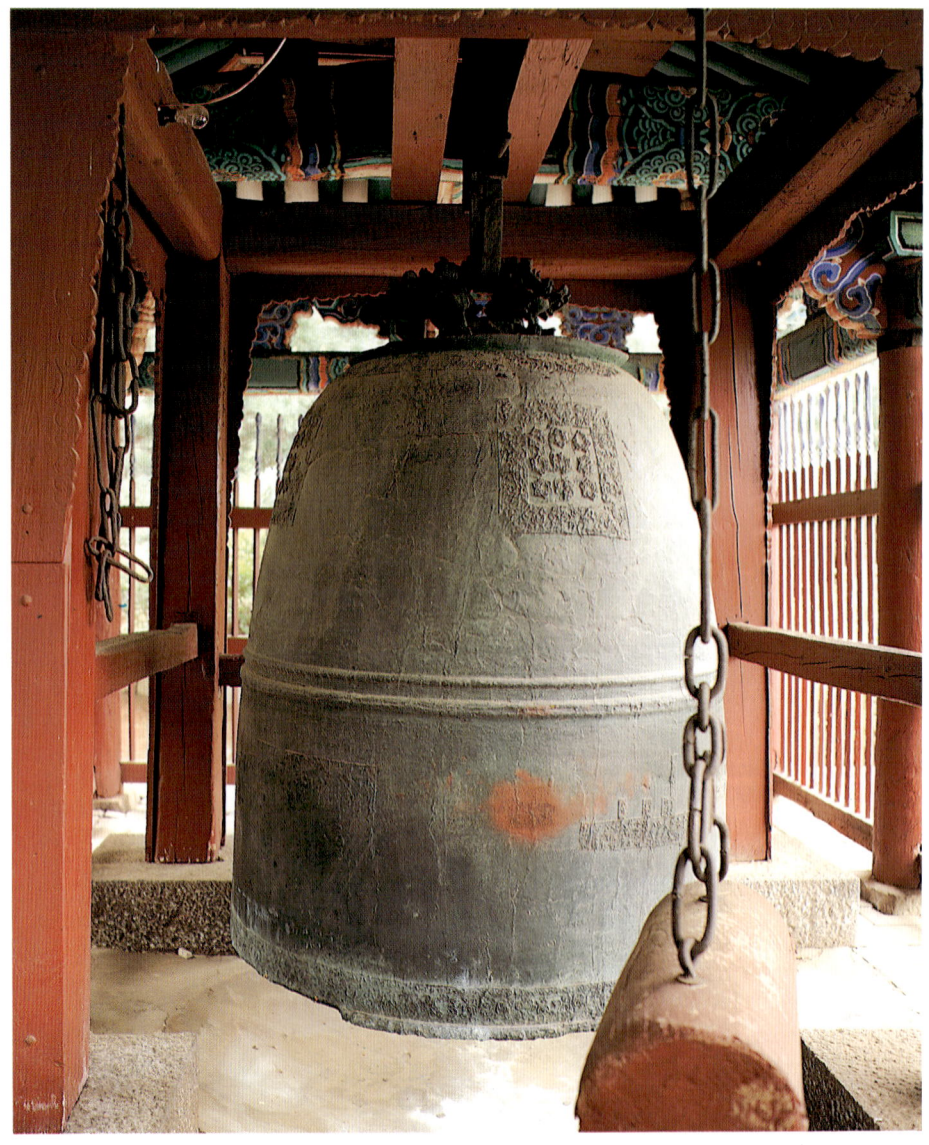

강화 동종 고려궁 터 안의 서쪽 종각 안에 있는 이 종은 불교 관련 종이 아닌, 조선시대 강화 성문을 여닫을 때 그 시간을 알리기 위해서 쓰던 종이다.(보물 제11호)

조선 후기에는 양명학(陽明學)을 대표하는 정제두(鄭齊斗)가 강화도에서 반골적인 생활로 일생을 보냈다. 그로부터 강화에서는 주자(朱子)의 해석학이 아닌 경전의 본뜻을 중시하는 복고적인 경향의 학풍이 일기 시작했다. 이러한 학풍은 강화학파(江華學派)라 하여 근대에까지 영향을 미쳤다.

이처럼 강화도는 조선조에 들어와 서울의 관문 역할을 담당하는 군사상의 요충일 뿐만 아니라 황해, 평안, 충청, 전라 등지의 산물을 서울로 운반하는 해로 교통의 요지이기도 했다. 앞으로는 이러한 한강 수로를 남북(南北)이 서로 어떻게 이용할 것인가가 통일 시대를 대비하는 시점에서 중요한 문제가 될 것이다. 우리나라 산업 동맥으로서의 한강 개통이야말로 남북 통일을 앞당기는 지름길이 될 것이다.

강화 동종(보물 제11호) 현재 고려궁 터 서쪽에 종각을 마련하여 걸어 놓았다. 원래 강화읍 관청리 고려궁 터(강화유수부) 입구 동쪽 종각에 걸려 있으면서 강화 성문 여닫는 시각을 알리던 종이었다. 그런데 병인양요 때(1866년) 프랑스 군이 가져가려다 갑곶에 버린 것을 강화읍내로 옮겨 왔다가 1977년 강화 국방 유적 복원 사업 때에 고려궁 터로 다시 옮겼다.

강화 동종은 용으로 장식한 용뉴는 있으나 용통이 없는 것이 특징이다. 종의 몸체는 어깨 부분 유곽대(乳廓帶) 안에 9개의 연꽃을 새겨 넣었고 중앙은 두 줄의 띠로 상하를 구분하였으며 아래 종 밑부분에는 보상화문을 양각으로 주조했다. 명문에는 조선 숙종 37년(1771)에 제작했다고 되어 있으며 높이 186.5미터, 밑지름 141센티미터이다.

성곽

강화읍성(사적 제132호) 고려시대의 내성을 조선시대에 와서 석축 산성으로 축소 개축하여 강화읍성으로 사용했다. 1636년 병자호란에 거의 다 무너졌는데 1652년에 일부를 수리하고 1677년에는 범위를

넓혀 새로 쌓았으며 1709년과 1711년 사이에 오늘의 강화성을 완성했다. 이것이 조선 후기의 내성이다. 구조는 정문 4곳, 암문 4곳, 수문 2곳, 성랑 9개소, 성문 장청 4개소로 되어 있다. 1866년 10월 16일 프랑스 군의 침공으로 성곽과 행궁 등 성안의 많은 건물들이 파괴되고 불탔다. 이때 규장외각에 소장되었던 많은 고문서(古文書)와 전적(典籍)이 약탈당했다. 강화성은 조선 근세에 서양과 일본의 침략으로 많이 파괴되었다.

강화성의 서문은 1966년에 복원되었고 북문은 1974년에 문루가 복원되었으며 1976년에는 강화성의 상당 부분이 보수되었고 1977년에는 북문이 복원되었다.

강화 석수문(石水門) 숙종 35년(1709)에 강화 내성을 쌓을 때 남문 옆 성곽과 연결시켜 동락천(東洛川) 위에 설치한 수문이다. 1900년대에 갑곶 나루터 통로 때문에 나루에 가까운 하구로 옮겼다가 1977년에 다시 하수문(下水門) 터에 옮겨 복원한 것을 또다시 1993년에 서문 옆 상수문(上水門) 자리로 옮겨 원래 자리에 복원하였다. 수문은 길이 10미터, 높이 3.8미터, 너비 4미터이다. 화강암을 다듬어 4, 5단으로 쌓아 교각으로 삼고 3개의 아치형 수문을 냈으며 그 위에 정교하게 다듬은 사암으로 빈틈없이 위까지 평평하게 쌓아 노면을 만들고 그 위에 흙을 깔았다.

연무당(鍊武堂) 진무영의 열무당(閱武堂)이 좁아 고종 7년(1870)에 세운 것으로 신열무당이라고도 한다. 그 뒤 동소문 밖으로 옮겼는데 속칭 동교장이라 불렀으며 지금은 그 자리에 강화중학교가 자리잡고 있다. 지금의 서문 안으로 옮긴 뒤에는 이 연무당에서 1876년에 일본에 의해 강제로 병자수호조약이 체결되었다. 1977년에 역사를 반성해 볼 수 있는 현장으로 만든다는 취지하에 옛 연무당 터를 정비하여 잘 다듬어진 잔디밭 안에 자주 의식을 드높여야 한다는 경고비를 세웠다.

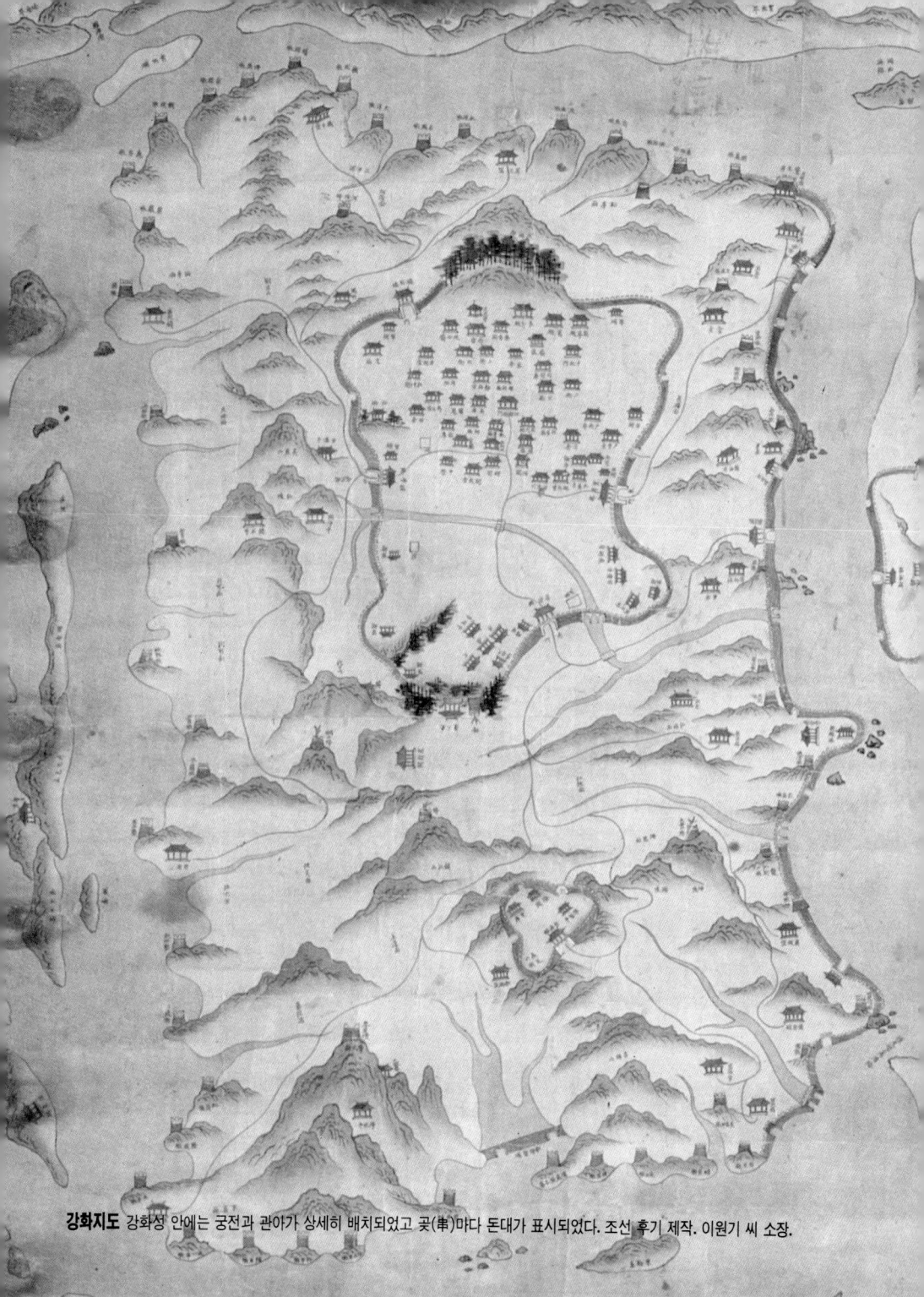

강화지도 강화성 안에는 궁전과 관아가 상세히 배치되었고 곳(串)마다 돈대가 표시되었다. 조선 후기 제작. 이원기 씨 소장.

강화 전성(塼城) 불은면 오두리 563번지 일대에 있는 이 성은 영조 19년(1743) 강화에 유수 김시혁이 다시 쌓았다고 한다. 성벽의 아래는 돌로 쌓고, 위는 벽돌로 축조한 일종의 혼합성으로 전체 길이가 270미터, 높이가 약 4미터이고 전축의 높이는 0.9미터에서 1.2미터이다. 이 성은 다듬은 돌을 쌓아 기초를 마련하고 그 위에 전돌을 쌓아올려 만든 전축성이다.

전벽돌은 강회(剛灰) 붙임으로 어긋매김 공법에 따라 축조하여 도괴를 방지하도록 하였다. 고려 고종 때 처음에는 흙으로 토성을 쌓아 강화 외성에 속하게 했다가 조선 영조 때 강화유수 김시혁이 나라에 건의하여 십리의 외성을 벽돌로 쌓고 나머지는 영조 19년(1743)부터 이듬해 (1744)까지 2년에 걸쳐 삼군문(三軍門)에서 개조했다고 한다.

교동읍성 강화군 교동면 읍내리 577번지 일대에 있다. 인조 7년 (1629) 이곳에 영(營)을 둘 때 축조한 것으로 지금의 주위 둘레 305 미터, 높이 약 2.4미터로 동남북 3곳에 문을 두었다. 영조 29년(1753) 에 당시의 통어사였던 백동원(白東遠)이 성곽과 치첩을 수축하고 고종 21년(1884)에는 방어사 백낙륜(白樂倫)이 남문을 중건하였으나 무너져 없어졌다. 북동문은 고종 27년(1890)에 부사 민창호(閔敞鎬)가 중건하였다고 하나 그 뒤 허물어졌다. 세 문에는 각각 문루가 있었는데 남문을 유량루(庾亮樓)라 하고 동문을 통삼루(統三樓)라 하며 북문을 공북루 (拱北樓)라 하였으나 동북의 문루는 언제 없어졌는지 확실치 않고 남문루는 1921년 폭풍우에 무너져 오늘날은 홍예(虹霓) 부분만 남아 있다.

교동은 조선 초기에 만호를 두어 지현사(知縣事)를 겸하게 하였다가 뒤에 현감으로 바뀌었다. 그 뒤 인조 7년(1629)에 도호부로 승격시켜 부사를 두게 하였으니 이 해에 경기수영을 교동 월곶진 기지로 옮겨 경기수사가 부사를 겸임하게 하였고 월곶진은 강화로 이전하게 했다. 따라서 교동읍성은 교동에 경기수영이 이설되고 교동이 도호부로 승격되면서 축조된 것을 알 수 있다. 그 뒤 인조 11년(1633)에는 삼도통어

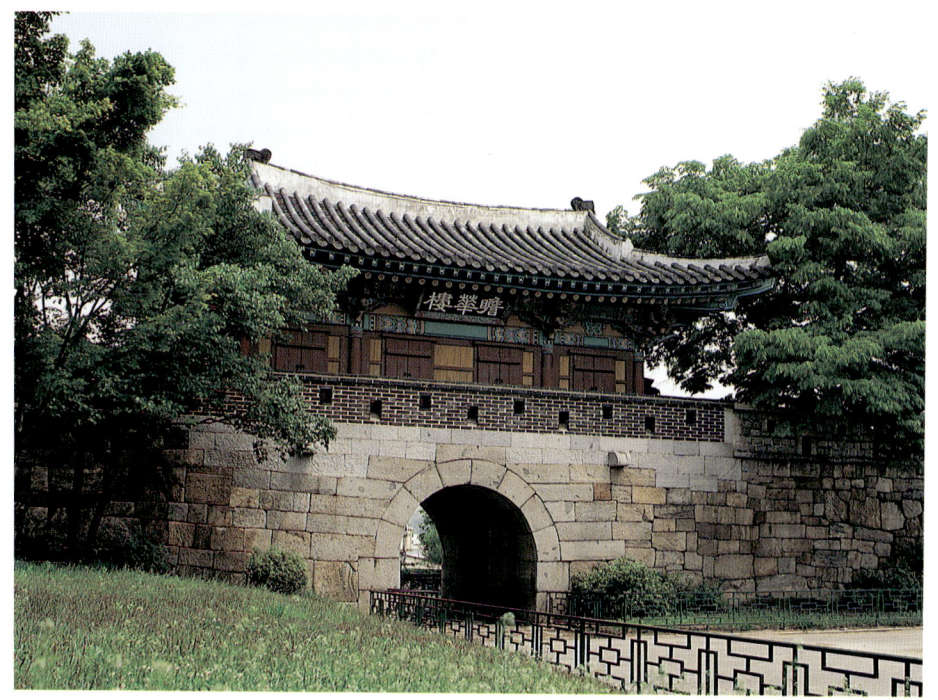
강화성 서문인 첨화루

영을 설치하고 경기수사가 통어사를 겸임하여 황해, 충청수사를 겸임하여 관리하게 하였다.

궁궐 및 관련 유물과 유적

행궁(行宮)　강화 행궁은 임금이 행차할 때를 대비해 세운 별궁(이궁)으로 인조 9년(1631)에 옛 상아(동현) 북쪽에 세워진 궁이다. 숙종 31년(1705)에 유수 민진원(閔鎭遠)이 개축하였다 하나 병인양요 때 불타 버리고 그 터에 심도관(沁都館)이 세워졌다.

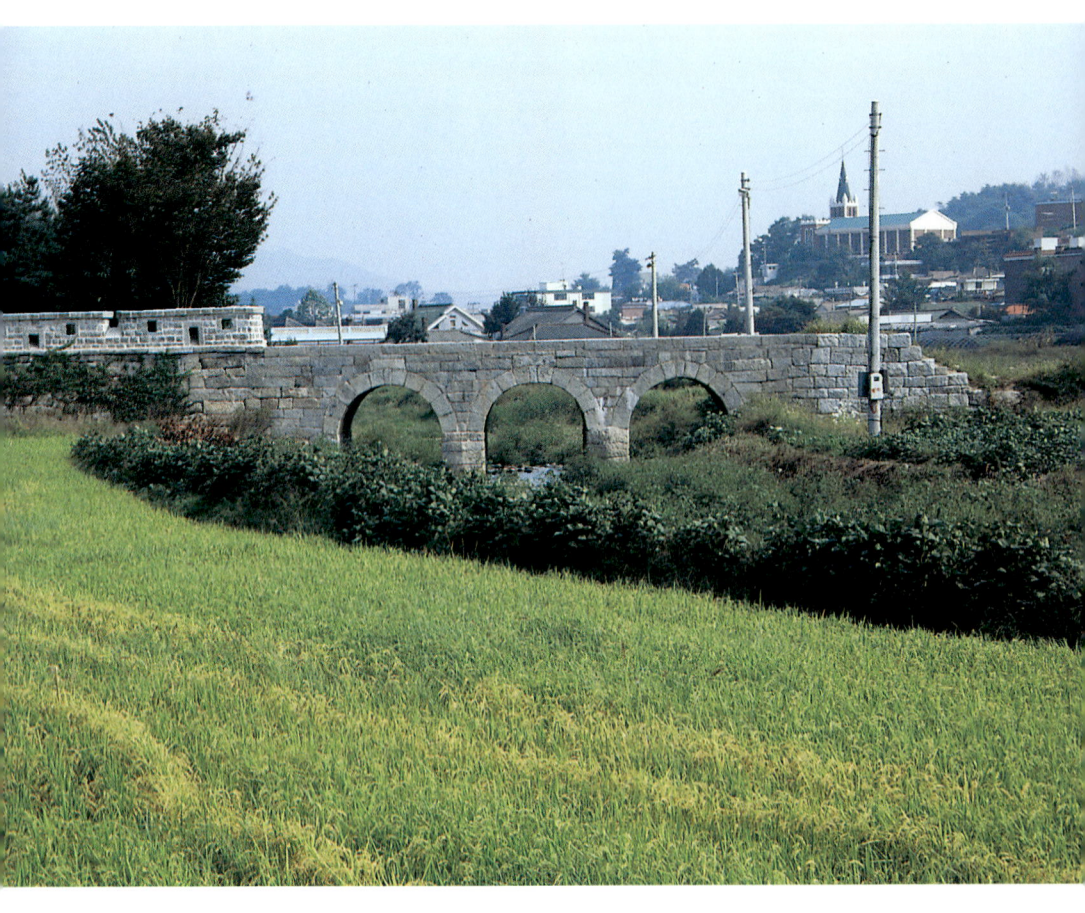

석수문(石水門) 고려산에서 동쪽으로 흐르는 동락천이 서문 아래로 지나 강화성 안을 관통하여 남문 쪽으로 흐른다. 서문 쪽에는 석수문(상수문)이 있었고 남문 쪽에는 남수문(하수문)이 있었다.

병자호란과 병인양요 때 거의 불타 없어졌고 낡아 무너진 것을 강화유수부로 개축했다. 당시의 건물로는 동헌인 명위헌과 이방청이 있다. 선조 때 중요한 이궁으로는 이 밖에도 온양, 의주, 광주, 수원, 전주 등이 있었다.

강화유수부 동헌(東軒)　강화읍 관청리 743번지 고려궁 터 안에 있는 조선시대 관아 건물이다. 고려 고종 때의 궁궐이 있던 곳에 조선시대 유수부의 동헌을 지었다. 현재의 건물은 인조 16년(1638)에 개수한 것이며 일제시대부터 해방 뒤까지 군청으로 사용하다가 1977년 복원 수리했다. 관호는 '현윤관(顯允館)'이라 하였으며 일명 명위헌(明威軒)이라고도 했다. 명위헌 현판은 윤순(尹淳)이 쓴 것인데 지금도 걸려 있다.

정면 8칸, 측면 3칸의 겹처마 단층 팔작 기와지붕의 익공집으로 이중 장대석으로 조성된 기단 위에 네모꼴로 다듬은 주춧돌을 놓고 네모 기둥을 세웠다. 공포는 화반 없이 간단한 형태의 초익공으로 되어 있으며 내부 가구는 2고주 7량으로 되어 있다. 바닥 중앙에는 대청 마루가 깔려 있고 동쪽 1칸에는 바닥을 높인 마루가 있다. 정면은 모두 사분합의 세살문을 달았다. 동헌의 서쪽에는 높은 석축으로 단을 조성한 고려 궁궐터로 전하는 건물터가 있고 그 앞 낮은 곳에 이방청 건물이 있다.

강화유수부 이방청(吏房廳)　고려궁 터 안에 있는 조선시대 관아 건물이다. 원래 강화유수부 안에 있던 육방 가운데 하나인 이방청으로 ㄷ자형의 한식 목조 단층 기와집인데 온돌방이 8칸이고 우물마루로 된 청마루가 12칸이며 부엌이 1칸으로 모두 21칸이다. 팔작지붕에 민도리 홑처마로 된 건물로 건평 220제곱 미터 가량이다. 지금의 건물은 효종 5년(1654)에 유수 정세규(鄭世規)가 건립하여 관아로 사용하던 것을 정조 7년(1783) 유수 김노진(金魯鎭)이 중수하였다. 이방청에서는 법전을 제외한 모든 크고 작은 사무를 담당했다. 일제시대부터 강화 등기소로 사용하다가 1975년 수리 복원했다.

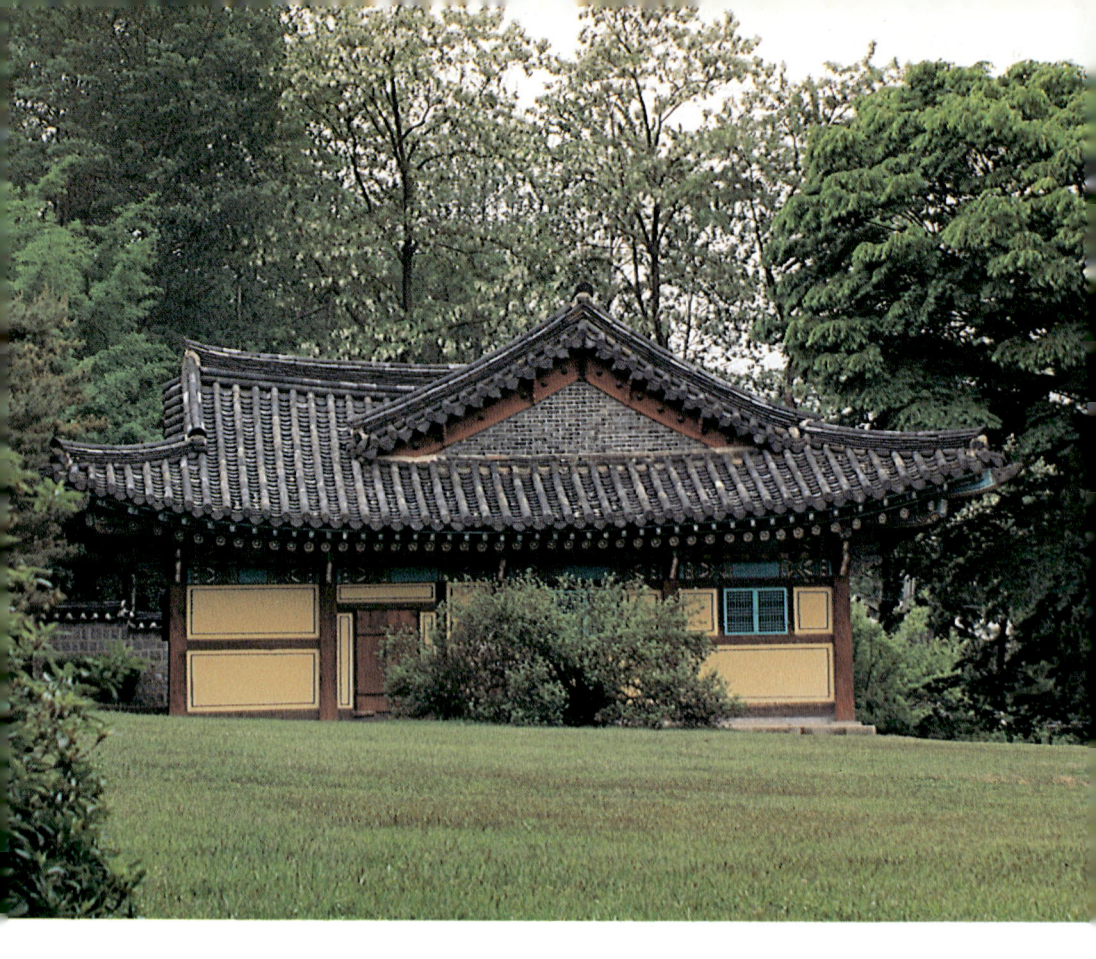

강화유수부 동헌 원래 고려궁 터 자리에 세운 강화유수부의 상아(上衙)로 북쪽에는 조선시대의 행궁이, 동쪽에는 객사가 있었다.

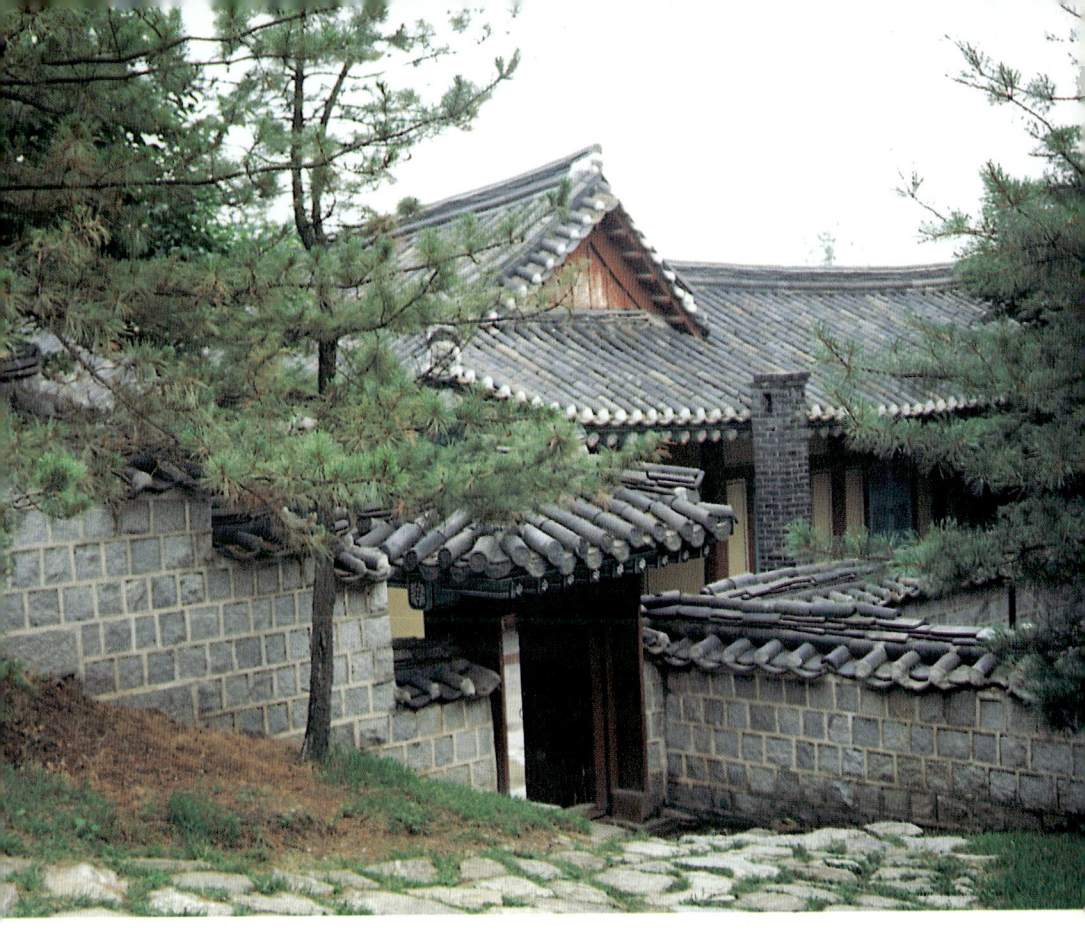

강화유수부 이방청 강화유수부 6방 가운데 하나로 지금의 고려궁 터 정문인 승평문 서쪽에 위치해 있다.

용흥궁(龍興宮) 철종이 19세에 왕위에 오르기 전에 살던 잠저(潛邸)이다. 강화읍 관청리 441번지 내수골에 있다. 원래는 민가였던 모양이나 철종이 왕위에 오르게 되자 철종 4년(1853) 강화유수 정기세(鄭基世)가 현재와 같은 기와 건물을 세우고 용흥궁이라 했다. 고종 광무 7년(1903)에 청안군 이재순(李載純)이 중건했다.

지금 남아 있는 건물은 내전 1동, 외전 1동, 별전 1동, 잠저 구기 기념 비각 1동 등이다. 이들 건물들은 팔작지붕에 홑처마 주심포의 구조로 1974년에 일대 보수를 거쳐 오늘에 이르고 있다. 내전은 앞면 7칸, 측면 5칸이며 건평은 90제곱 미터이다. 별전은 앞면 6칸, 측면 2칸인 ㄱ자형 집으로 건평 95제곱 미터다. 비각은 정방형으로 앞면과 측면이 각각 2.5미터, 넓이는 약 6제곱 미터이다. 좁은 고샅 안에 행랑채를 둔 이중의 건물은 서울 창덕궁의 연경당이나 낙선재와 같이 살림집의 유형에 따라 조영되어 소박한 기풍을 느끼게 한다. 다만 주변이 정리되지 않은 것이 아쉽다.

도서(圖書) 전적(典籍) 문화

정족산사고(藏史閣) 사고(史庫)란 역사를 기록한 문헌을 보관하는 곳으로 전국에 걸쳐 4곳이 있다. 이들 사고 가운데에서 가장 중요한 것은 원본을 보관하고 있던 강화 정족산사고이다. 강화 정족산사고는 선조 39년(1606)에 마니산에다 설치한 것이 처음이고 그 뒤 헌종 원년(1660)에 사고를 마니산으로부터 훨씬 북쪽의 정족산 삼랑성 안으로 옮겼다.

강화 정족산사고에 보관되어 있던 『조선왕조실록』은 여러 번 난리를 치르는 동안에도 종종 보궐되었다. 강화 정족산사고에 소장되어 있던 『조선왕조실록』은 현존하는 수가 1,189책으로 여기에 없어진 2, 3책을 합친 수가 그 실제 권수가 될 것이다.

선원보각(璿源寶閣) 정족산성 안 장사각 부근에 있던 것으로 헌종

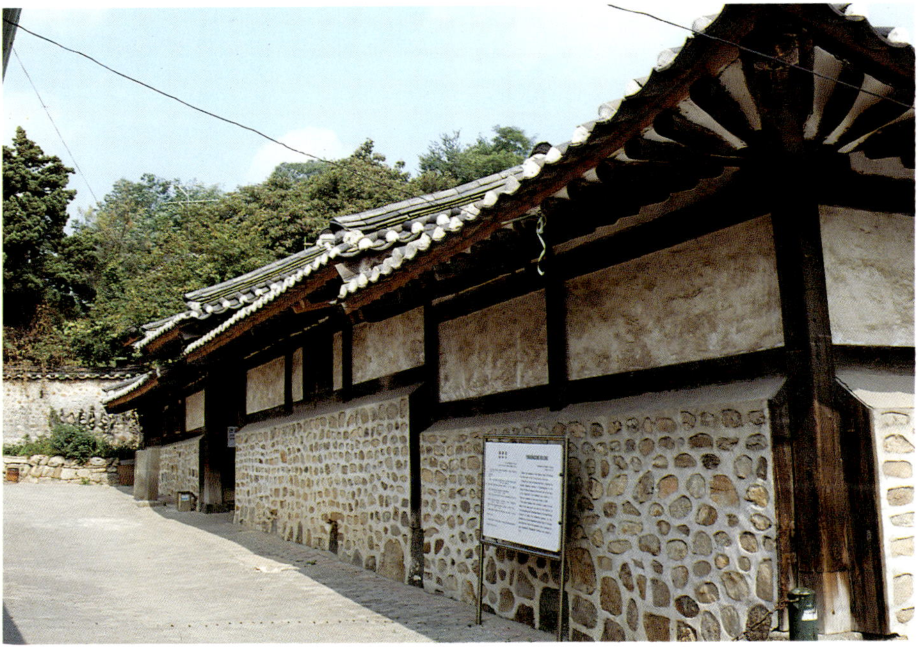

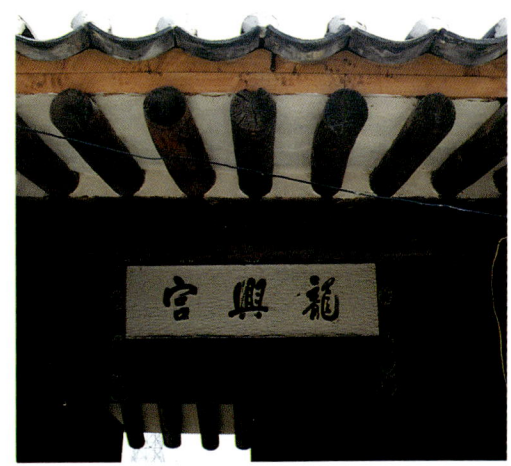

용흥궁(위)**과 현판**(오른쪽) 철종이 임금에 오르기 전인
19세까지 살던 초가집을 철종 4년(1853)에 강화유수
정기세가 기와집으로 지어 용흥궁이라 이름했다.

1년(1660)에 유수 유념(柳捻)이 세워 왕실 족보를 보관하던 곳이다.

정족산사고의『조선왕조실록』은 1909년 조선통감부에 의해 서울로 옮겨진 뒤 1910년 태백산사고본과 함께 총독부 학무국 관할에 들어갔다가 1930년 경성제국대학으로 옮겨진 뒤 해방과 더불어 경성제국대학이 서울대학교로 개편되면서 서울대학교 도서관에 보관되었다. 1993년에 서울대학교 안에 규장각(奎章閣)을 따로 지어 다른 고서들과 함께 옮겨 보관하고 있다.

우리나라 도서 전적 문화 가운데 팔만대장경과 함께 최고의 보물 가운데 하나인『조선왕조실록』과 조선 왕실 족보는 양헌수(梁憲洙) 장군이 병인양요 때 프랑스 군을 정족산 삼랑성 전투에서 물리침으로써 오늘날 서울대학교 규장각에 안전하게 보관될 수 있었다.

한편 이들『조선왕조실록』과 조선 왕실 족보가 보존되어 있던 정족산사고(장사각)와 선원보각의 원래 위치는 대체로 전등사 극락전 뒤편에 위치한 것으로 추정하는데 아직 정확한 지점은 확인하지 못하고 있다. 다만『조선고적도보』(1931년 간행)에 장사각의 사진이 보이고 있어 앞으로 장사각 터나 선원보각 터를 발굴 조사하여 복원하는 데 크게 도움이 될 것이다.

그러나 '장사각'이라고 쓴 현판과 '선원보각'의 현판 그리고 영조가 친히 썼다고 하는 '취향당'이란 현판이 전등사 대조루 기념품 가게에 걸려 있어 보는 이의 마음을 착잡하게 하고 있다.

규장외각 행궁 동쪽에 있었는데 정조 5년(1781) 유수 서호수(徐浩修)가 연초헌(燕超軒)을 헐고 이곳에 규장외각을 세웠다. 강화부 내책고(內冊庫)에 있던 비밀 서류를 이곳으로 옮겼는데 병인양요 때 함께 불타 없어졌다. 정조 7년(1783) 김노진이 편찬한『강도부지』에는 '규장외각(奎章外閣)'이라고 기록되어 있다. 그러나 국립중앙도서관 소장의 정조 때(18세기) 그림인 '강화부궁전도'에는 '외규장각'이라는 화제(畫題)가 붙어 있다.

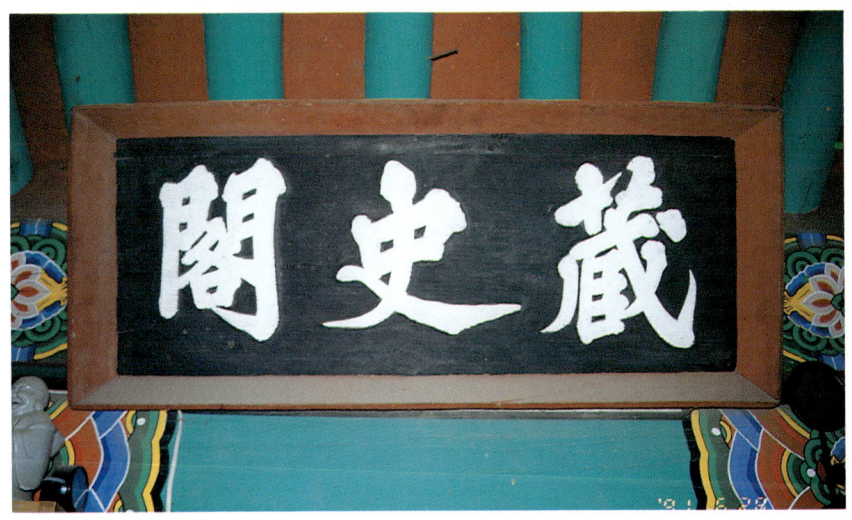

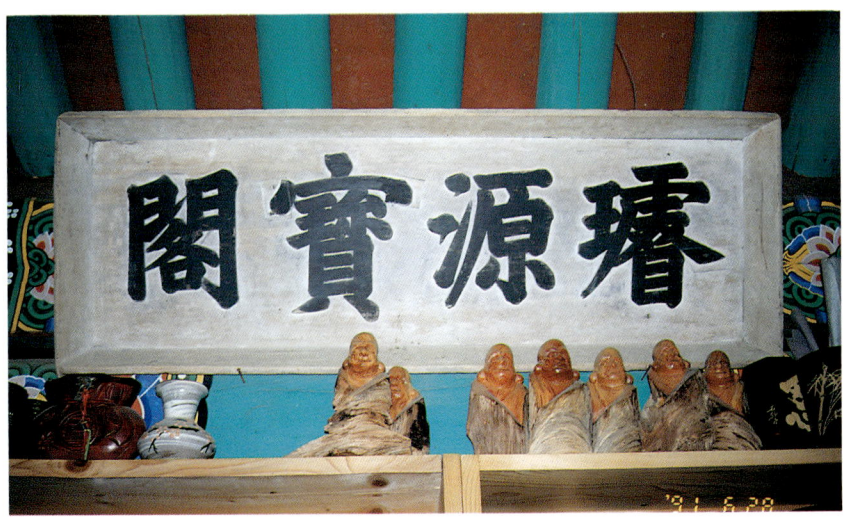

장사각과 선원보각 현판 현재 전등사 대조루는 기념품 가게로 이용되고 있는데 이 안에 여러 기념품과 함께 현판들이 걸려 있다.

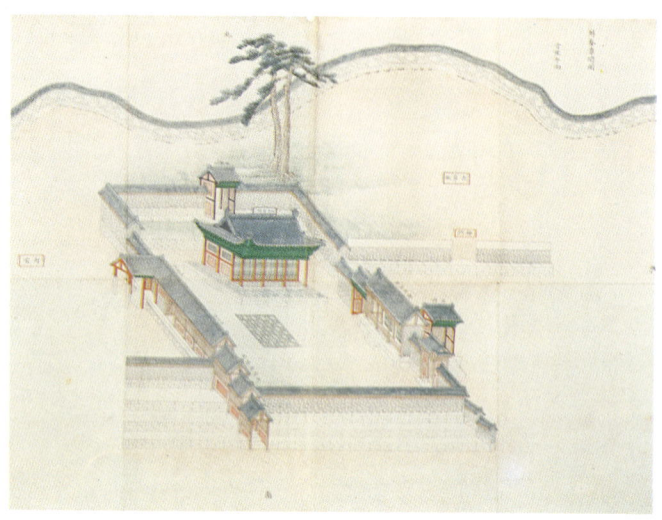

규장외각도 정조 때 그린 그림으로 화제(畵題)에는 외규장각(外奎章閣)이라 했다. 국립중앙도서관 소장. (위)

규장외각 터 고려궁 터 동쪽 담장 밖에 규장외각의 건물이 있었다고 추정하고 있으며 지금은 바로 아래에 강화군에서 군립도서관을 짓고 있다.(옆면)

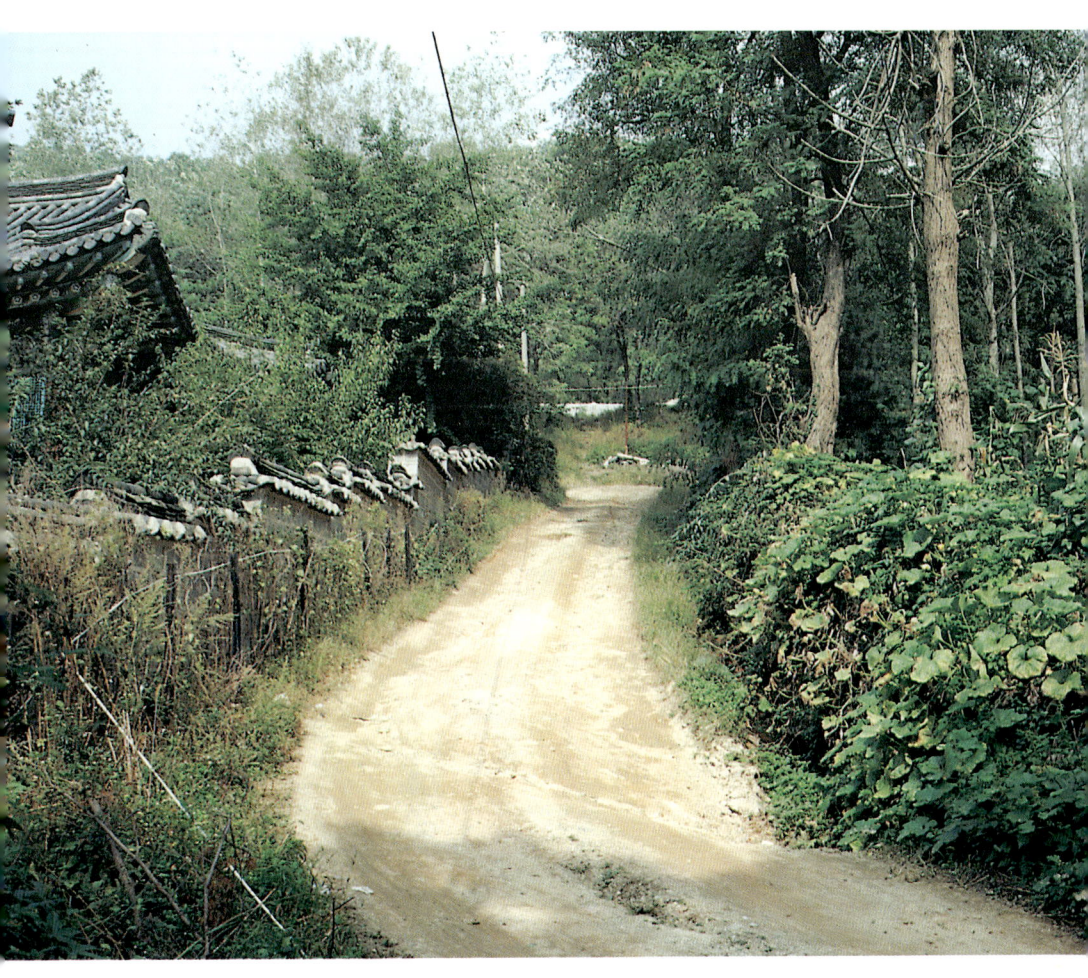

규장외각의 원래 자리는 지금 강화유수부 동헌(명위헌)의 뒤쪽이나 동헌의 동쪽 담(고려궁 터 담장) 밖에 옥수와 들깨를 심어 놓은 밭 부근에 있었던 것으로 추정되고 있다. 밭 남쪽 가장자리에는 축대가 남아 있다. 완만한 북산(송악산)이 경사를 이루고 있는 남쪽 축대 아래는 원래 고려궁 터의 일부로 조선시대 강화유수부 터로 추정되는 대지인데도 불구하고 현재 강화군립도서관을 짓고 있다.

1866년 병인양요 당시 로즈 제독이 이끄는 프랑스 함대의 군인들이 10월 16일 강화 갑곶에 상륙하여 정찰을 마친 뒤 강화성에서 마침내 아군과 전투를 벌였다. 이때 프랑스 군은 행궁과 강화유수부의 부속 건물들을 수색하여 은괴(銀塊) 18상자를 비롯하여 중요 문서, 서적류, 대포, 화약, 활, 화살, 칼 등과 같은 무기류와 갑옷, 투구 등 다량의 군수품들을 약탈했다. 그 가운데 곧장 프랑스 파리로 보내졌던 중요 문서와 서적류가 오늘날 파리 국립도서관에 소장되어 있다. 원래 규장외각에 소장되어 있다가 파리국립도서관에 소장되어 있는 우리 서적은 모두 191종 279책이나 된다.

조선 왕조의 궁실 및 국가 행사(책봉, 결혼, 장례, 도사, 친경 등)를 치르는 논의 과정, 준비 과정, 의식 절차, 진행, 포상 등에 관한 기록인 의궤는 대부분 규장각이나 장서각에 소장되어 있는 것과 중복되는 것이고 유일본은 38종뿐이라고 한다(『조선조의 의궤』, 1985).

우리 입장에서 보면 이 전적들을 받아들이기에 앞서 우선 원래 보관되어 있던 강화 규장외각 터부터 자세히 조사한 다음에 이를 복원하는 것이 필요하다고 생각된다. 그래서 여기에 당시의 도서 전적의 영인본이나 부본을 전시하고 프랑스로부터는 신과학이나 새로운 문물을 받아들이는 것이 다가오는 새 시대에 도움이 될 것이라고 생각되기 때문이다.

향교(鄕校)와 성공회(聖公會)

강화 향교 강화읍 관청리 936번지 강화여자고등학교 안에 있다.

처음 창건된 것은 조선 중기이나 현재의 건물은 조선 후기의 건물로 추정된다.

고려 인종 5년(1127) 내가면 고천리에 창건되었고 고려 고종 19년 (1232) 현재 갑곶리로 이건하였다가 다시 고종 46년(1259)에 포음도로 옮겨 세웠다. 그 뒤 조선 인조 2년(1624)에는 강화유수였던 심열(沈悅)이 현재의 관청리에 건립했다. 향교의 건물들로는 대성전, 동무, 서무, 제기고, 명륜당, 주방이 있다. 대성전의 경우 3단의 장대석 기초 위에 세운 정면 5칸, 측면 3칸에 한식 골기와로 된 맞배지붕에 방풍판이 있는 모습이다. 명륜당은 정면 4칸, 측면 3칸으로 팔작지붕에 한식 기와 집이다.

교동 향교 교동면 읍내리 148번지에 위치해 있다. 고려 충렬왕 12년(1286)에 고려유학제거(高麗儒學提擧)였던 문성공 안유(安裕, 본명은 珦, 1243~1306년)가 원나라에 갔다가 돌아오는 길에 공자상(孔子像)을 들여와 이곳 향교에 봉안하였다고 전하며 그 뒤 경도 각 읍에 문묘를 설치하였다고 한다. 지금의 대성전에는 중국의 다섯 성인과 신라, 고려, 조선시대의 유현을 배향하고 있다. 조선 영조 17년(1741) 지부(知府) 조호신(趙虎臣)이 화개산 북록에 있던 것을 남록으로 옮겼다. 경내에는 대성전, 동서무, 명륜당, 동서재, 제기고, 내외삼문이 있다. 건물의 배치가 고졸하고 주위의 경관이 매우 아름답다.

성공회 강화 성당 강화읍 관청리 250번지에 있다. 1890년 영국의 국교인 성공회가 우리나라에 전파된 뒤 영국인 왕남도 신부가 갑곶에서 회당 겸 사택을 매입하고 전도를 시작하였다. 그 뒤 왕 신부는 본국으로 돌아가고 1896년 조마가 신부가 부임하여 강화읍에서 김마가(희준)를 전도했다. 1897년에는 영화원이라는 보육원을 개설하고 서양 의술로 많은 환자를 돌보았으며 1900년에 현재의 한식 중층 건물을 완공했다.

영국 성공회는 처음 포교 단계부터 교리나 예배 의식, 신앙의 상징물 등에서 한국의 전통적인 문화를 되도록 살리려고 노력하였다. 이러한

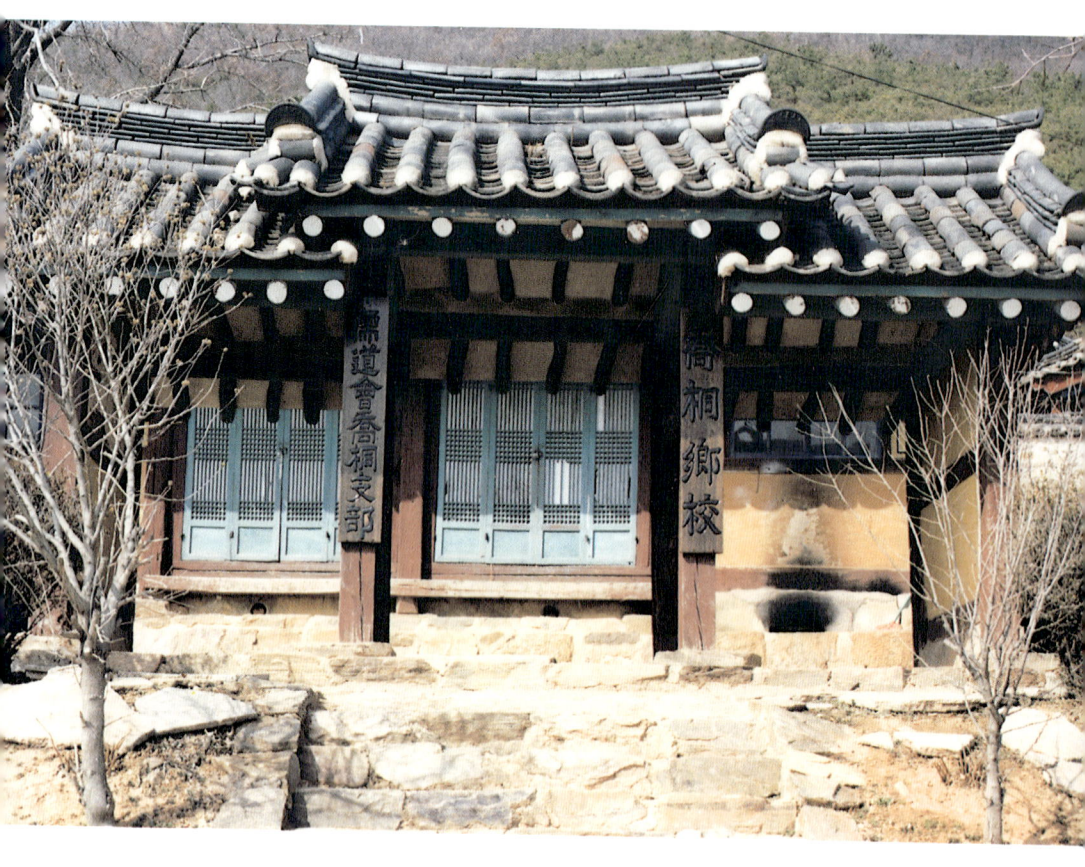

교동 향교 교동 읍내리 148번지 화개산 남록에 있다. 고려 원종 때 처음으로 공자를 모셨다고 한다.

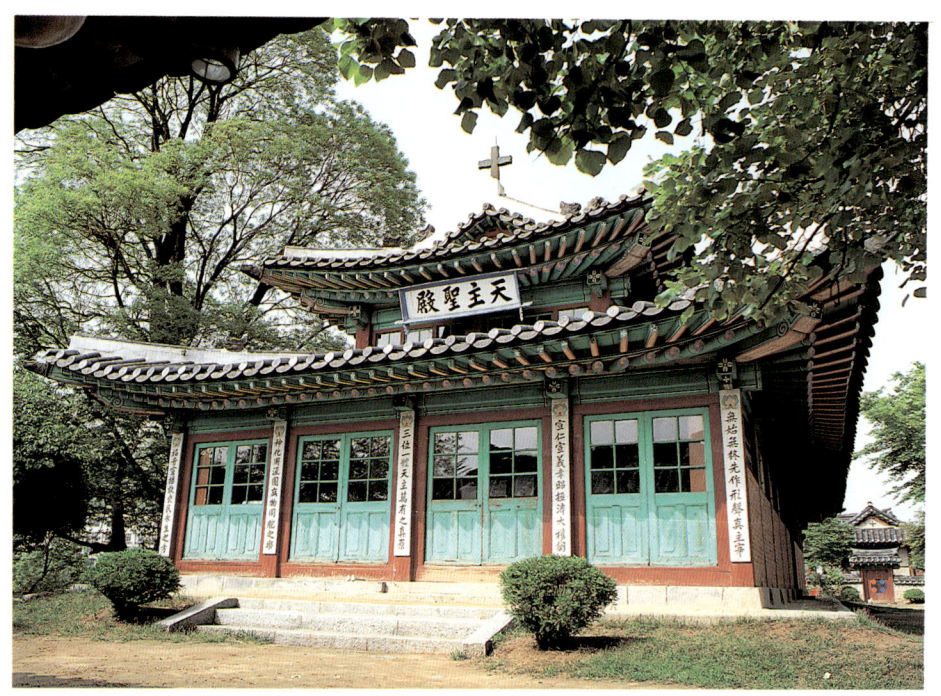

성공회 강화 성당의 한식 예배당

노력은 강화 성당을 지을 때에도 크게 반영되어 이 성당은 전통적인
한식 건축의 재료나 구조 기법을 유지하면서 성당의 기능을 잘 살린
한식과 양식이 절충된 대표적인 건물로 꼽힌다. 관청리 용흥궁 뒷길
가파른 계단을 오르면 정문으로 재래식 솟을대문인 삼문이 있고 바로
그 뒤에 한식으로 된 전면 4칸, 측면 15칸의 장방형 중층 기와지붕의
본당 건물이 있다. 2층은 정면 2칸, 측면 13칸으로 지형 조건과 잘 어울
리는 매우 아름다운 건물이다. 바로 아래에 있는 철종(哲宗)의 생가인
용흥궁과도 잘 어우러져 다른 서양종교건물과는 달리 전래의 관습과
마찰하지 않고 적응하려고 한 흔적이 돋보인다.

근세 국방 유적

강화도의 조선시대 국방 유적으로는 성곽 이외에도 진(鎭), 보(堡), 돈(墩), 봉수(烽燧) 등을 들 수 있다. 조선 후기 임진, 병자 양란을 겪은 다음 조선은 강화의 군사 시설을 튼튼히 하기 위해 진, 보, 돈을 축성했다. 특히 병자호란 때 청병을 피해 강화로 피란했던 봉림대군(鳳林大君)이 뒷날 왕위에 오른 다음, 청나라에 대한 응징으로 북벌을 계획하고 효종 7년(1656) 강화도에 진과 보를 설치하여 만일에 대비했다.

그러나 효종은 큰뜻을 다 펴지 못하고 돌아가시고 사왕인 숙종은 선왕의 뜻을 받들어 국방에 만전을 기하였다. 그래서 월곶진, 재물진, 덕진진과 인화보, 철곶보, 승천보가 설치되었다. 그 뒤 계속 추가되어 12진보를 갖게 되었다. 진보 외에도 진보 밑에 돈대와 포대를 두어 마치 톱니바퀴로 움직이는 큰 기계와 같은 전략 요새를 구축하였다.

이러한 국가적 방위 사업이 오로지 강화도와 강화 도민들만을 보호하기 위해 이루어진 것은 결코 아니었다. 조선의 축소판이라 할 강화도가 적에게 넘어가면 전국토가 위험에 처한다는 사실을 잘 알고 있었기 때문이었다.

『숙종실록』에 보면 조선조 숙종은 영의정 허적(許積), 형조판서 윤휴(尹鑴), 훈련대장 유혁연(柳赫然) 등의 건의로 숙종 5년(1679)에 병조판서 김석주(金錫胄)가 강화에 돈대를 축조했다. 그리고 『강도지』에는 "함경, 강원, 황해의 승려군 8천 명과 어영군 4천3백 명을 동원하여 40일 동안 모두 49개의 돈대를 축성케 하였다."라고 나와 있다.

그 뒤 조선 숙종 44년(1718)에 빙현, 철북 2돈대가 증설되었고 46년(1720)에 초루돈이 또 증설되어 모두 53개의 돈대가 완성되었다. 그 뒤 양암, 갈곶 2돈대를 철폐하여 모두 51개의 돈대가 남게 되었다. 그리고 숙종 5년(1679)에 돈대를 축성할 때 9개의 포대도 함께 설치하였다. 이 밖에도 강화에는 8개의 봉수(봉화대)가 설치되었다. 당시 병제

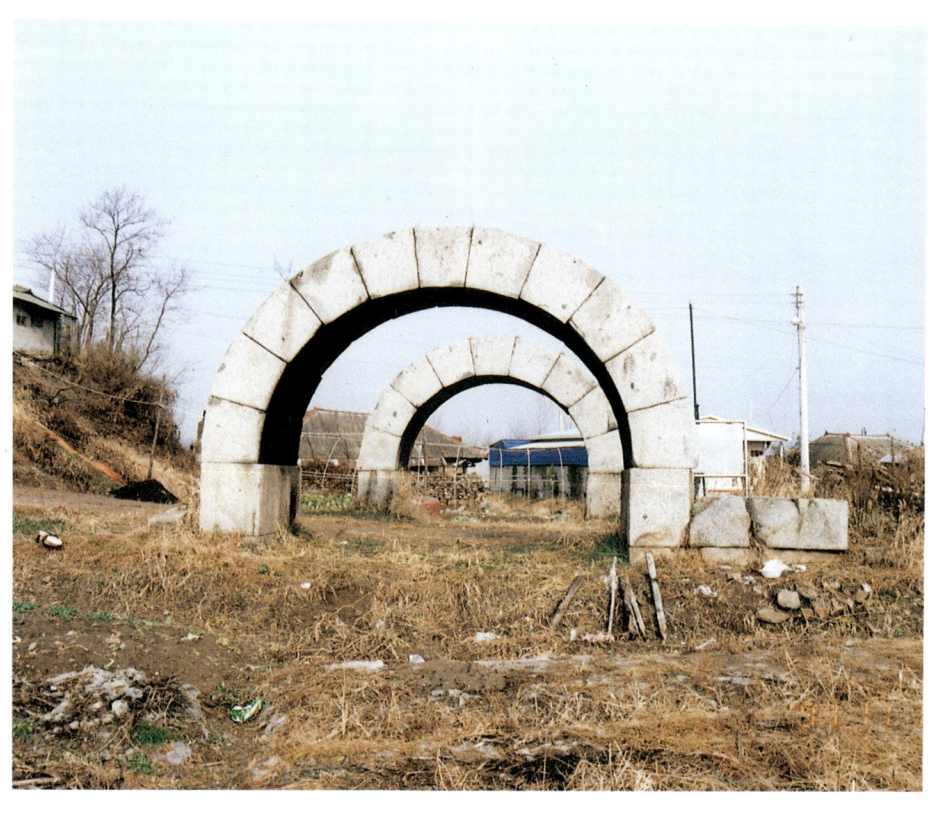

용진진 성문 홍예 선원면 지산리 216번지에 있는 용진진 성문의 잔해이다. 효종 7년(1656)에 세운 강화 5진 가운데 하나로서 돈좌 4문에 총좌 26개가 있었다고 하나 모두 없어지고 홍예만 을씨년스럽게 남아 있다.

를 보면 진에는 첨사(병마첨절제사)나 병마만호가 배치되었고 보에는 별장을, 돈대에는 돈장을, 포대에는 영장을 두었다.

이들 국방 기지는 근대 병인·신미 두 양요 때는 적을 잘 방어하여 그 기능을 제대로 발휘했으나 그 뒤 쳐들어온 일본 군함으로부터 초지진과 포대가 포격을 받고 완전히 무너지면서 강화를 내놓아야만 했다. 그 뒤 국운이 쇠잔해지기 시작하여 마침내는 일본에 전국토를 빼앗기고 말았다.

이처럼 우리 국토의 심장부와 같은 강화의 국방 기지는 일본에 의해 짓밟히고 나서 해방이 될 때까지 오랫동안 황폐한 채로 남아 있었다. 그러다가 박정희 대통령의 국방 사적 보존책에 의하여 1976, 1977년에 갑곶진, 제물진, 덕진진, 초지진과 광성보 그리고 갑곶돈, 광성돈, 손돌목돈, 용두돈, 덕진돈, 초지돈 등 모두 9개의 국방 유적을 복원하였다. 그러나 그 뒤 그것마저도 중단되어 1992년 1월 현재 용진진을 비롯하여 선두보, 인화보 등 6개 보와 염주돈, 망해돈 등 23개 돈대가 완파된 상태이다. 그리고 용당포대, 계룡포대 등 8개 포대는 거의 부서져 반파된 상태이다. 모두 63개소에 달하는 강화 국방 유적 가운데 반이 넘는 38개소가 완파 내지 반파된 실정이다. 현재까지는 비교적 보존이 양호하다고 하는 16개의 돈대마저도 당국의 무관심 속에 날로 퇴락해 가고 있다.

갑곶에서 시작하여 시계 방향으로 진보, 돈대를 한바퀴 둘러보는 것도 꽤 유익할 것이다.

갑곶돈 (甲串墩, 사적 제306호)

조선은 정유재란과 병자호란을 통해 많은 곤욕을 치렀고 이 때문에 강화의 군사 시설을 강화하기 시작하여 진, 보, 돈을 쌓았다. 갑곶돈은 강화읍 갑곶리에 위치하고 있는데 강화대교를 건너자마자 바로 왼쪽에 나타나는 강화의 관문이 바로 갑곶이다.

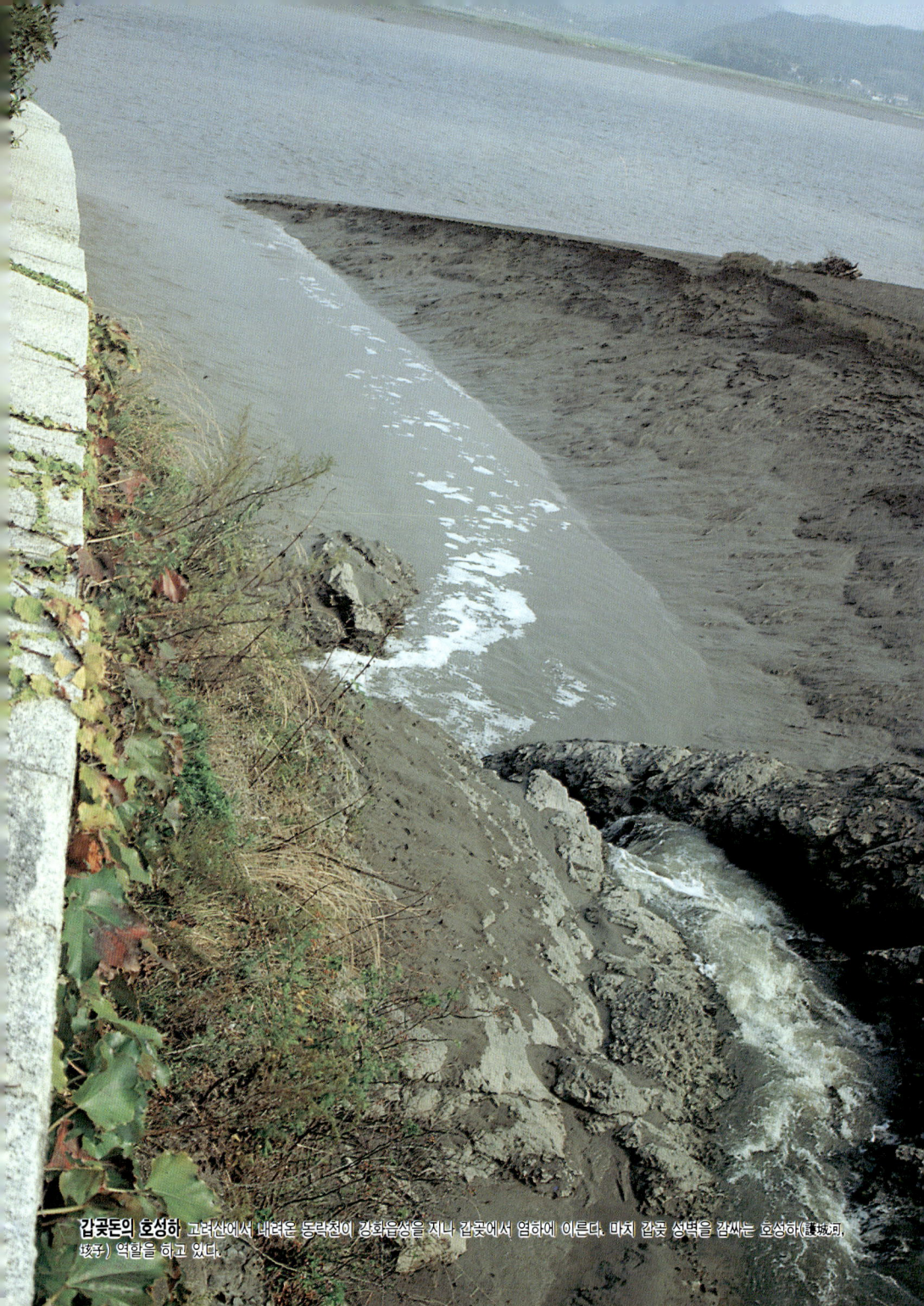

갑곶돈의 호성하 고려산에서 내려온 동락천이 강화읍성을 지나 갑곶에서 염하에 이른다. 마치 갑곶 성벽을 감싸는 호성하(護城河, 垓字) 역할을 하고 있다.

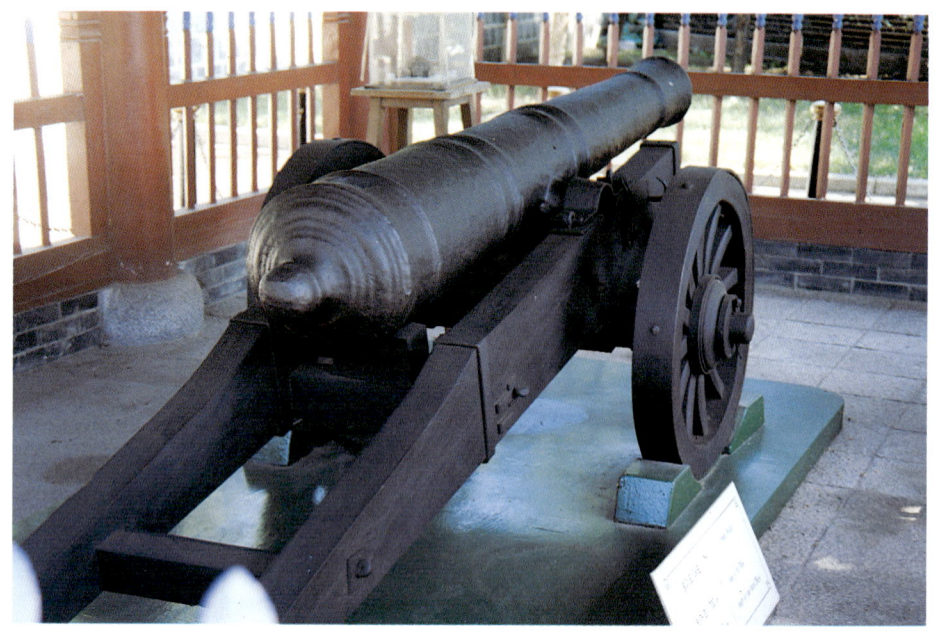

갑곶 포대

　갑곶돈은 숙종 5년(1679)에 쌓았지만 원래는 1656년 인천에 있던 진을 이곳 갑곶으로 옮기고 제물진이라 했다. 이 진에는 염주돈, 제승돈, 망해돈이 소속되었고 대포 8문이 설치된 갑곶포대도 있었다. 돈대와 포대 역시 1679년에 설치한 것이며 어영청과 금위영 등이 있었다.

　지금은 간조 때면 갑곶돈대 아래로 뻘 속에서 선착장 석축로가 드러나고 있다. 갑곶에는 성문으로 진해루(鎭海樓)가 있어 강화의 관문 역할을 하며 건너편에는 육지의 관문인 문수산성(文殊山城)의 서쪽 성문인 취예루(取豫樓)가 마주보고 있었다.

　지금의 갑곶돈은 1977년 강화 전적지 보수 정화 사업의 일환으로 복원된 곳으로 갑곶진의 일부이다. 이 돈대 남쪽에 갑곶 수문이 있었고

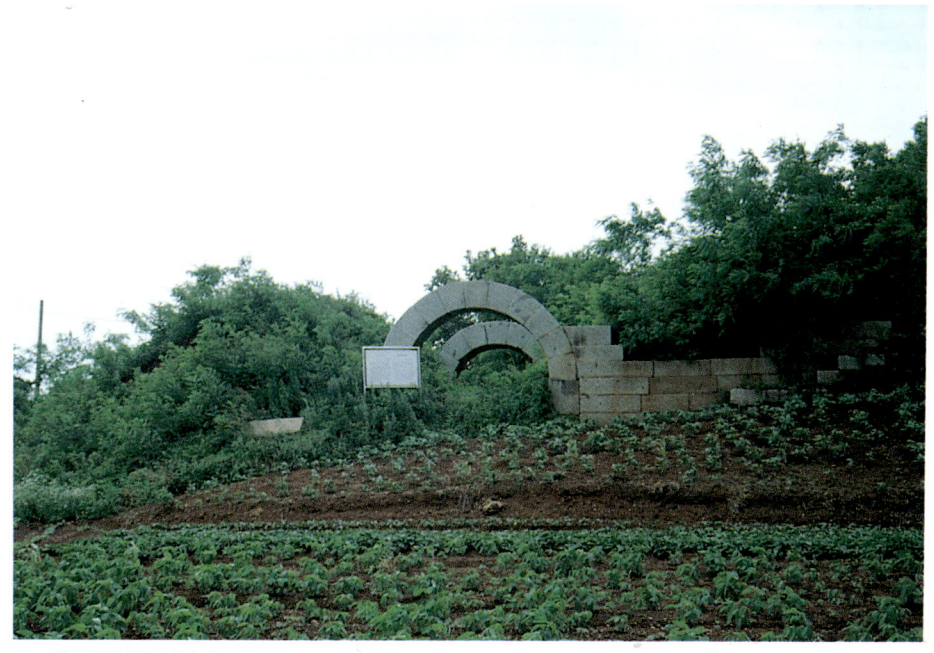

문수산성 북문 터 홍예 북문 갑곶 건너편은 육지의 관문이다. 그 뒤로는 한강 어귀가 보인다.

강화 외성과 연결된다. 1977년 돈대에는 조선시대 대포가 포각 속에 전시되어 있다. 소포 2문도 새로 만들어 설치하였다. 이 갑곶은 병인양요 때 프랑스 군과의 싸움이 전개되었던 곳으로 조국 수호의 정신적 교육의 장(場)이 되는 곳이다. 이곳에 '강화 역사관'이 설립된 것도 이 때문이다.

광성보 (廣城堡, 사적 제227호)

광성보는 불은면 덕성리 21의 1번지에 있다. 이곳은 자연 지형이 염하 어귀를 지키는 천험한 요새로 되어 있기 때문에 일찍이 고려 외성의 중요한 요새 구실을 했다.

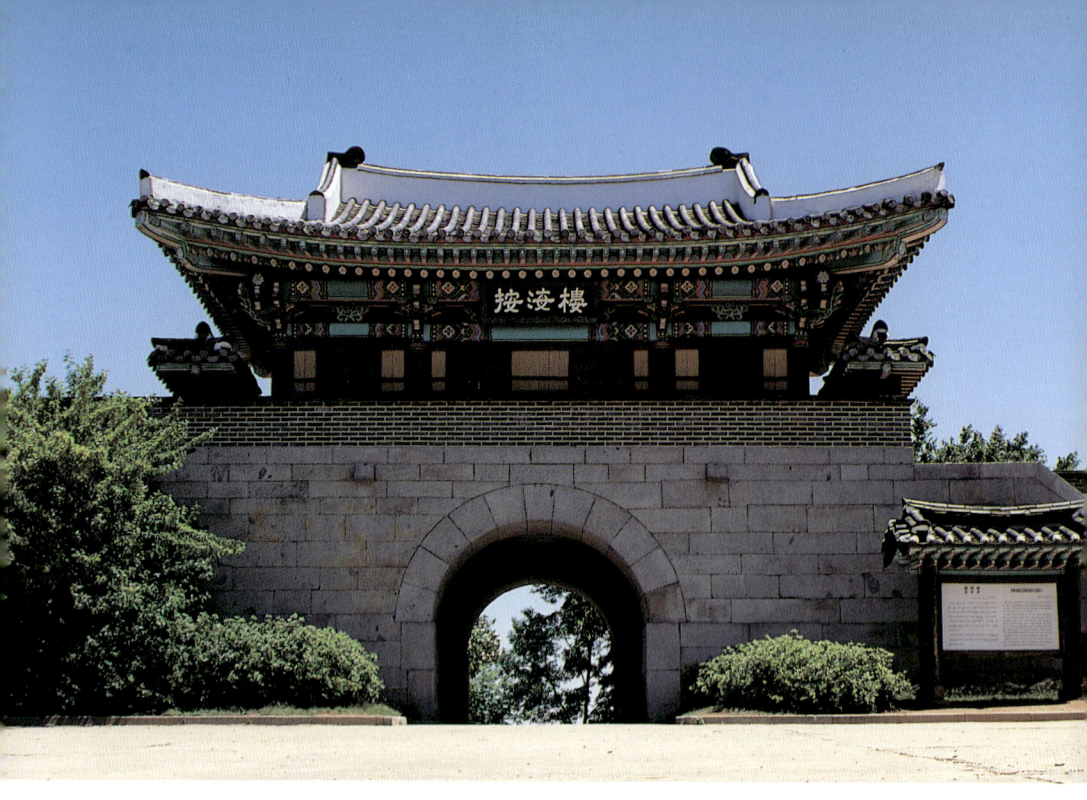

광성보 1977년 복원된 성문인 안해루이다.(위)

손돌목돈 원형으로 된 돈대이다.(옆면 위)

광성돈 반원형의 매우 아름다운 작은 성으로 광성보에 딸린 별개의 돈대이다.(옆면 아래)

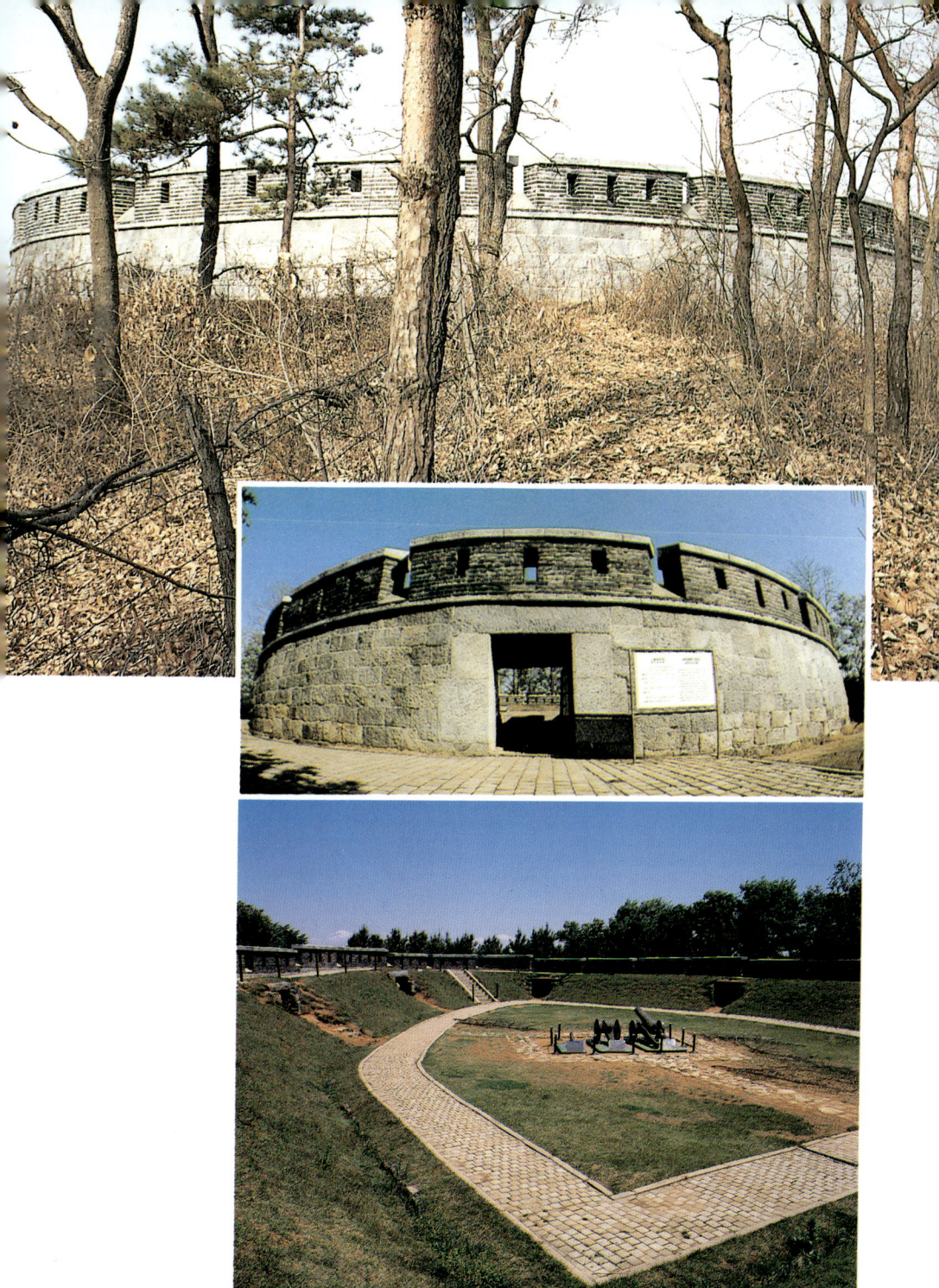

광성보는 강화에 여러 진이 설치되기 시작한 효종 7년(1656)에 설치되었는데, 1679년 돈대를 쌓을 때 이 보에 딸린 돈대로 화조돈, 오두돈, 광성돈이 함께 축조되었다. 광해군 때인 1618년 강화 외성을 수축했고 18세기에는 석성으로 개축했다.

　　광성보에는 안해루(按海樓)라는 문루가 있었는데 신미양요 때 전화를 입어 없어진 것을 광성돈과 함께 1977년 복원하였다. 광성돈 안에는 대포 3문이 복원되었다. 그러나 1977년에 원래 덕진진 소속인 용두포대도 광성보 경내에 포함시켜 보수 정화했다. 광성보는 1871년 4월 23일부터 4월 24일까지 미국과 48시간에 걸쳐 사투를 벌인 격전지로도 유명하다. 이때 전사한 어재연(魚在淵) 장군 전적비와 200여 명의 순국영령들을 기리기 위한 신미순의총(辛未殉義塚)이 광성보에 있다.

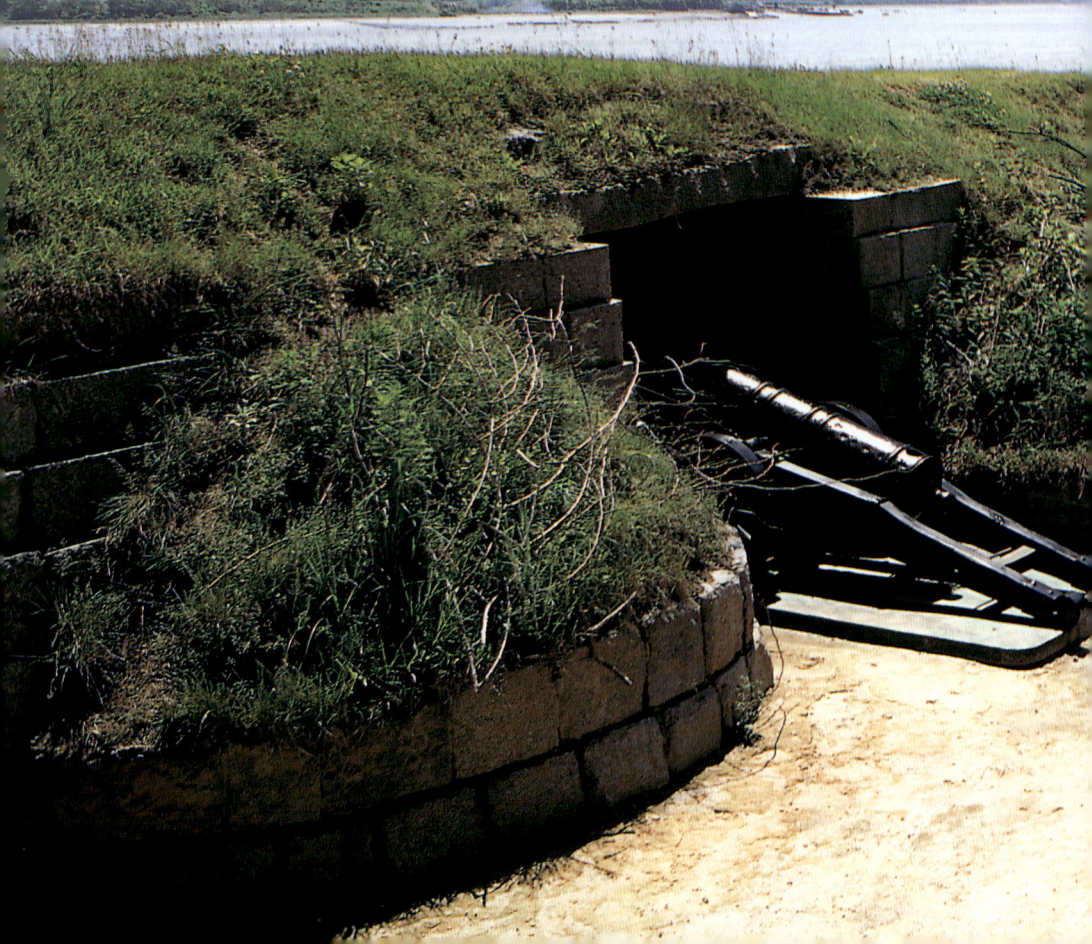

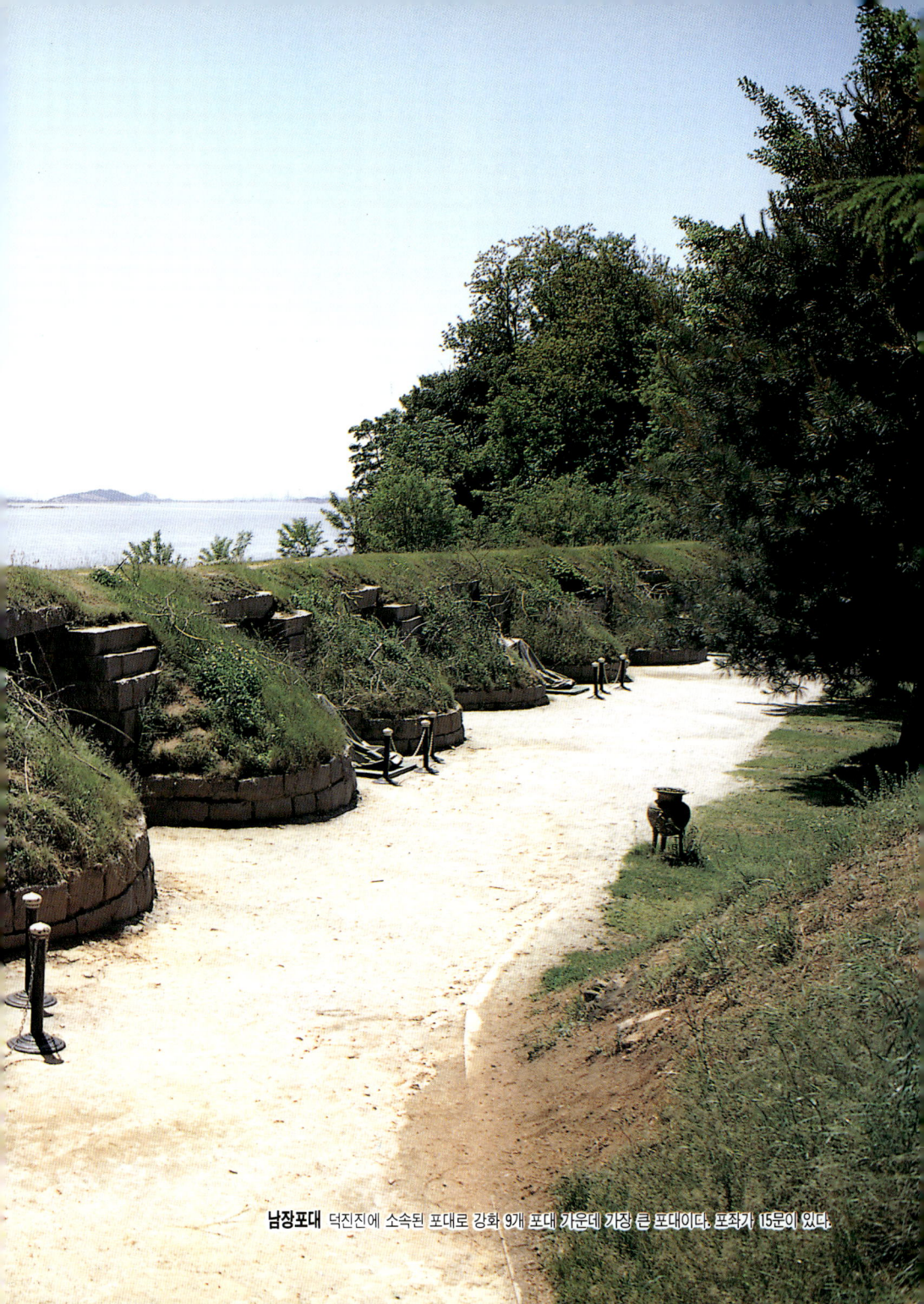

남장포대 덕진진에 소속된 포대로 강화 9개 포대 가운데 가장 큰 포대이다. 포좌가 15문이 있다.

덕진진 (德津鎭, 사적 제226호)

덕진진은 불은면 덕성리 373번지에 있다. 원래는 수영에 속한 진이었다. 용두돈과 덕진돈이 덕진진에 소속되어 있었고 남장포대도 있었다. 이 돈대와 포대들은 모두 1679년에 축조되었다. 덕진진은 염하 어귀를 지키는 중요한 요새인데 여기에 소속된 용두돈은 광성보 쪽에 있지만 김포반도의 덕포진포대와 마주보고 급류가 흐르는 염하 어귀에 위치한 초지진과 광성보의 중간에서 서로를 연결시켜 주고 있다.

고려시대 몽고의 침략 당시에도 이곳은 강화를 지키는 외성의 중요한 일부였으며 병인양요 때에는 양헌수 장군의 부대가 야음을 틈타 이 진을 통과하여 정족산성에 들어가 프랑스 군을 격파하였다. 그리고 신미양요 때에는 로저스가 지휘하는 극동 함대와 어재연 장군의 아군이 치열한 포격전을 전개한 곳이기도 하다. 이 진의 건물과 돈대 및 포대는 바로 신미양요 때 파괴되었다. 덕진진의 성문루인 공해루(控海樓)도 모두 소실되어 홍예문만 남아 있었던 것을 1976년부터 1977년까지 복원하고 성곽 일부도 수리하는 한편 덕진돈도 복원했다. 아울러 강화 제1의 포대인 남장포대도 보수했는데 포좌가 15문에 달한다. 용두포대는 광성보에 포함시켜 복원했다.

초지진 (草芝鎭, 사적 제225호)

초지진은 길상면 초지리 624번지에 있다. 효종 7년(1656) 안산에서 이곳으로 옮겨진 것이다. 조선은 임진왜란과 병자호란을 겪은 뒤 국방을 튼튼히 하는 차원에서 강화에 천험한 요새를 구축하기 시작했다. 강화도 해변에 8개의 진을 설치한 것도 이러한 정책의 일부분이었다. 초지진에는 초지돈, 장자평돈, 섬암돈이 소속되어 있는데 이 돈대들은 숙종 5년(1679) 함경도, 강원도, 황해도의 승군 8천 명과 어영군 4천3백 명을 동원하여 40일 동안에 걸쳐 49개의 돈대를 축성할 때 함께 이루어진 것이다. 이때 9개의 포대도 축조되었는데 초지진 남쪽 진남포대에는

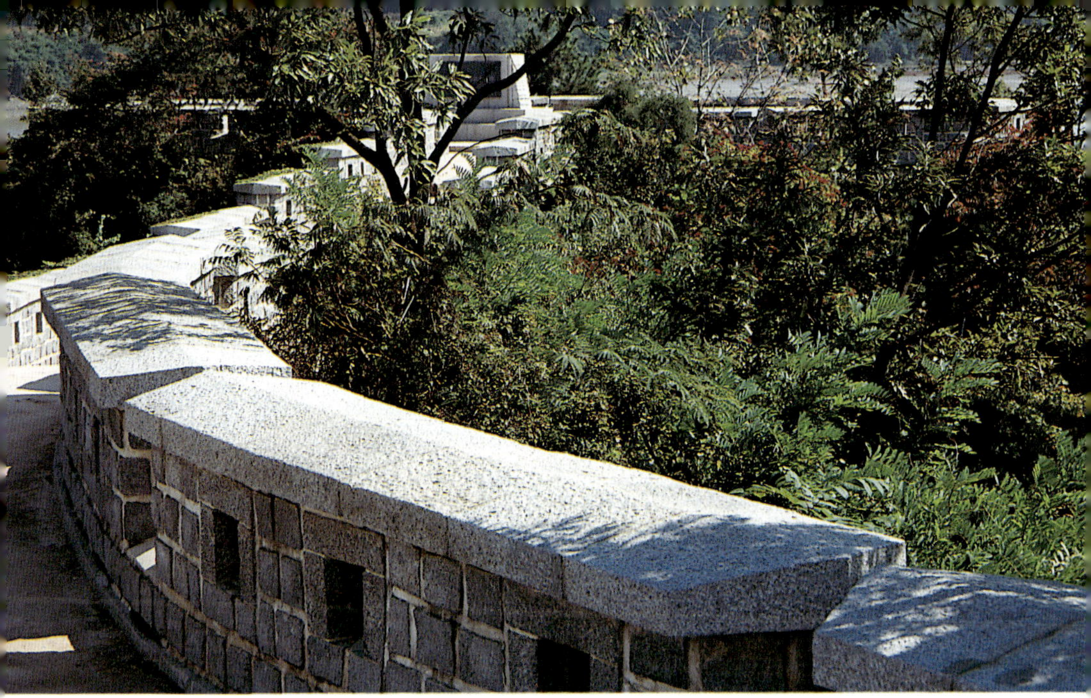

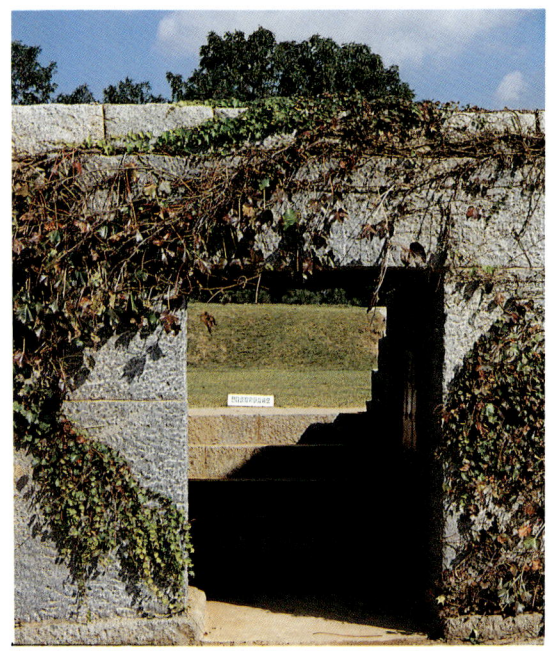

용두돈 마치 용처럼 쭉 뻗어나온 능선을 이용해서 해안 끝머리 벼랑 위에 조그마한 타원형의 돈대를 마련하였다. 그 아름다움은 강화 돈대의 으뜸이다.(위)

덕진돈 방형에 가까운 작은 성곽으로 서북쪽에 네모난 문이 있다.(오른쪽)

대포 12문이 설치되었고, 초지진 앞의 대황산 황산포대에도 대포 6문이 설치되었다.

신미양요는 그 전에 대동강에 불법으로 들어왔다가 선원이 전멸하고 불타 버린 셔먼호 사건에 대한 보복으로 1871년에 미국이 일으킨 침략 행위였다. 초지진은 신미양요 때 최대 격전지 가운데 하나였는데 덕진진과 광성보가 함락당하고 어재연 장군 이하 전수비군이 전사하는 수모를 당하기도 했다. 그 뒤 일본은 1875년 고의로 운양호 사건을 일으켜 결국 1876년(병자년) 굴욕적인 '강화도 조약'을 체결했다.

초지진은 그러한 수난을 통해 모두 허물어졌다. 1976년 간신히 남아 있던 돈대의 터와 성의 기초 위에 초지진의 초지돈을 복원하고 대포 1문을 포각 속에 전시했다. 이 돈대에는 3개소의 포좌(砲座)가 있고 100여 개의 총좌가 있다. 높이가 4미터 정도에 긴 축이 100미터쯤 되는 타원형 돈대이다. 성과 돈대 옆의 소나무에는 당시의 전투를 말해 주는 포탄 흔적이 그대로 남아 있다. 바닷가에 임한 돈대가 근대사에 있어서 처절한 전쟁을 치르고도 여전히 아름다움을 간직하고 있어 보는 이의 마음을 더욱 아프게 한다.

계룡돈(鷄龍墩)

내가면 황청리 282번지에 있다. 역시 숙종 5년(1679)에 축조된 돈대의 하나로 주위에 치첩이 33개가 있다. 동벽 남쪽 석축 하단에 "강희 18년 4월 일 경상도군위어영(康熙十八年四月日慶尙道軍威禦營)"의 축성 기명(記銘)이 현존한다. 강희 18년은 숙종 5년(1679)이다. 경상도 군위 어영군의 축조물로서 강화의 53개 돈대 가운데 유일하게 축성 연대가 표시된 것이다.

이 돈대는 황청리 앞 들판 끝 서해안의 작은 섬처럼 생긴 동산에 설치 되었는데 화강암으로 축조한 길이 30미터, 너비 20미터의 장방형 돈대 로 3면은 석축으로 되어 있고 해변을 향해서 정면으로 외적을 볼 수

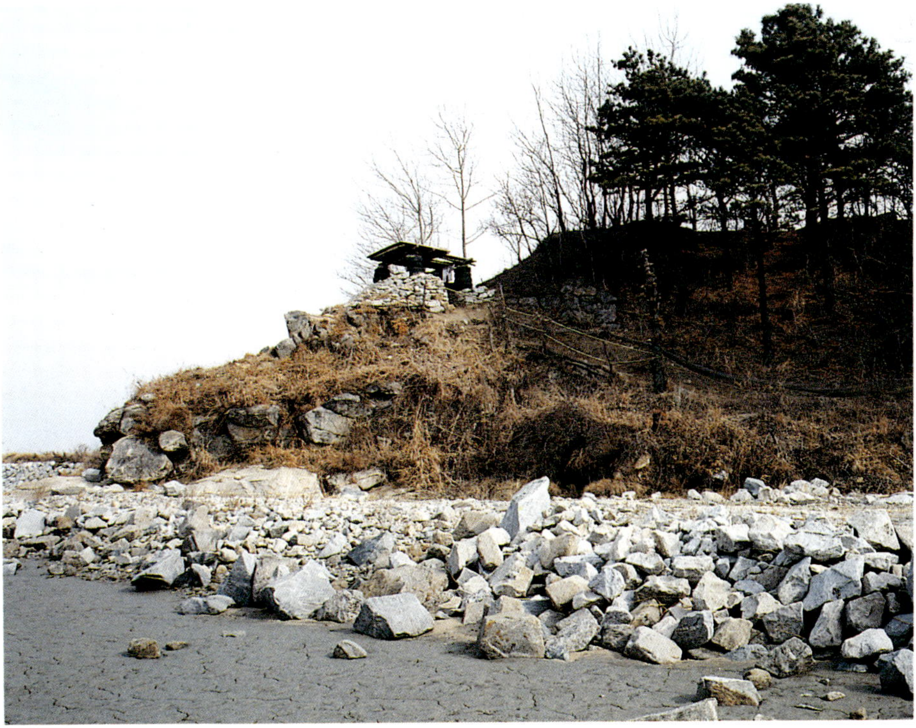

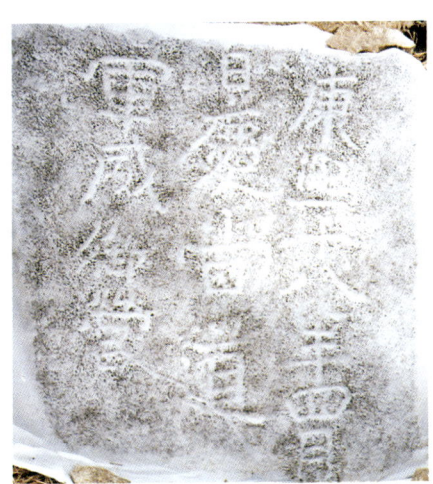

계룡돈 강화도 내가면 황청리 들판 끝 서해안에 작은 섬처럼 생긴 동산에 장방형의 돈대를 축조하였는데 지금도 해안 초소로 사용되고 있어 예나 지금이나 요새는 마찬가지임을 느끼게 한다. 아래는 축성기명(記銘).

있도록 되어 있다. 현재는 북면만이 원형을 보존하고 있고 동서남 3면은 많이 파괴되어 토축만이 남아 있다. 현재 돈대의 석축 높이는 3미터에서 5미터이다. 계룡돈대와 망월돈대는 영문에서 관할했었다.

택지돈(宅只墩)

길상면 선두리 1071의 1번지에 있다. 화강암으로 축조한 정사각형의 돈대로 4개의 포좌와 37개의 치첩이 설치되었는데 형태만 보존되어 있다. 숙종 5년(1679) 축조한 돈대들 가운데 하나이다. 이 돈대와 동검 북돈, 후애돈대 등 4개의 돈대는 선두보에서 관할했다. 장곶돈과 함께 1993년에 일부 복원하였다.

장곶돈(長串墩)

이 돈대는 화도면 장화리 산 113번지에 있다. 이 돈대 역시 숙종 5년(1679)에 세워졌는데 약 40센티미터에서 120센티미터의 네모난 돌을 둥글게 원형으로 쌓았고 그 위에 전(塼)벽돌로 치첩(稚堞)을 두른 흔적이 있다. 해안 쪽으로 4개의 포좌를 설치했는데 높이 3미터, 포좌의 지름이 사방 45센티미터이며 포좌 내부는 너비 18센티미터, 길이 24센티미터이다. 이 장곶돈과 미곶돈, 북일곶돈, 검암돈은 장곶보에 소속되어 있었다. 강화군은 1993년에 택지돈과 아울러 일부 돈대를 복원하였다.

망월돈(望月墩)과 장성(長城)

하점면 망월리에 있다. 이 돈대 역시 숙종 5년(1679)에 축조된 돈대 가운데 하나로 망월리 해변가의 방파제와 연결되어 있다. 망월돈과 함께 장성을 쌓았는데 장성은 고려 고종 18년(1231) 몽고가 내습하자 19년(1232) 강화도로 천도하면서 강화 해안을 따라 긴 토성을 쌓아 만든 외성이다. 조선조에 와서 광해군 10년(1618)에 무찰사 심돈이 수축하였

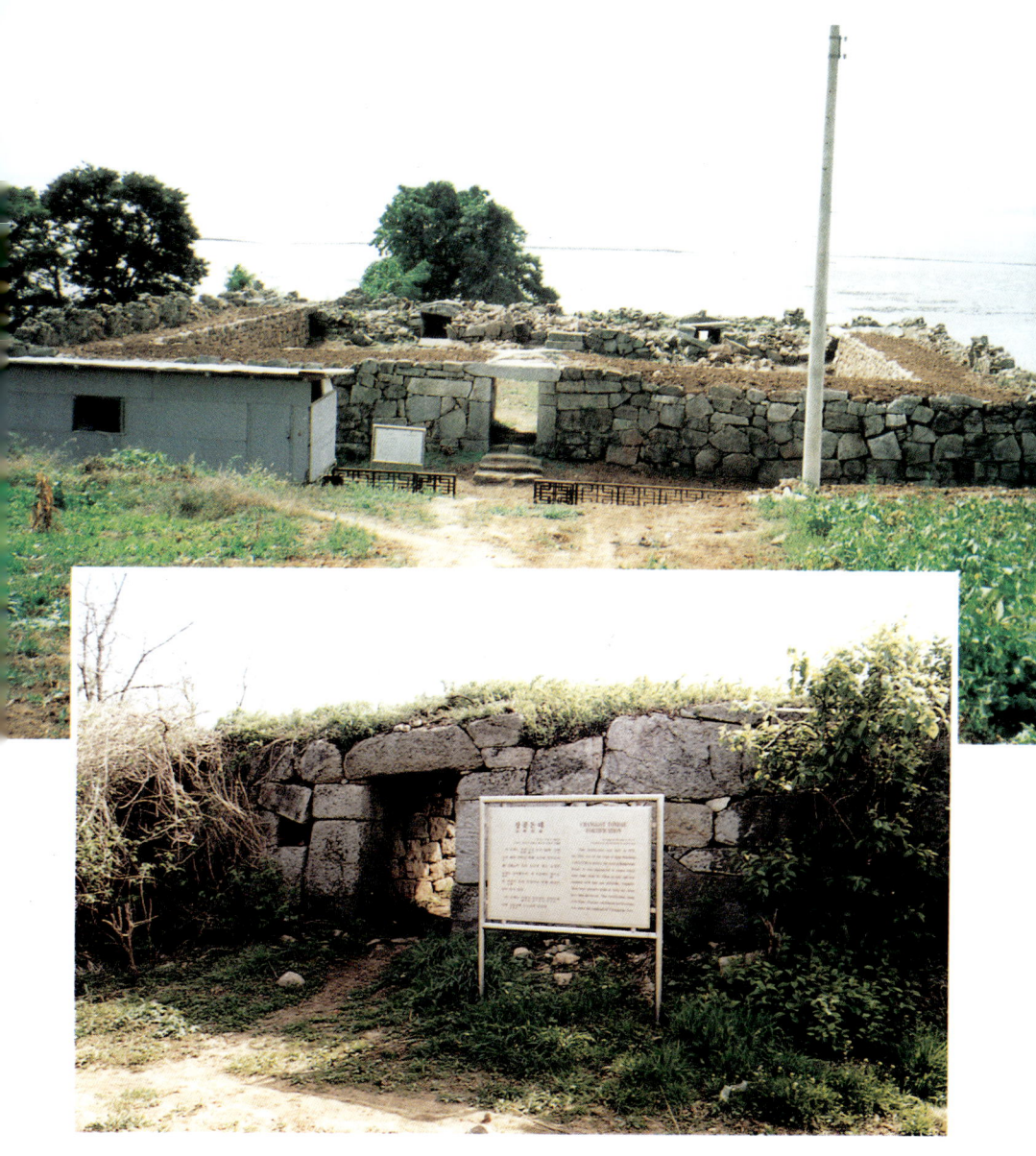

택지돈(위)**과 장곶돈**(아래)

으며 영조 21년(1745)에 유수 김시혁이 개축하였다. 일명 만리장성이라고도 하는 이 망월장성은 장성의 일부분이자 강화 외성의 일부이다.

선수돈(船首墩)

일명 송강돈이라고도 하며 화도면 내리 1831번지에 있다. 숙종 5년(1679) 강화의 지형에 맞게 49개의 돈대가 축조될 때 함께 축조되었다. 가로 25미터, 세로 48미터의 장방형이며 4문의 포좌가 원형대로 보존되어 있다. 이 돈대의 남쪽으로 검암돈이 있고 북쪽으로는 굴암돈이 있다.

동검돈(東檢墩)

위에 언급한 돈대 외에도 강화도 남단 동검도에 일명 북대라는 돈대가 있는데 이 돈대는 길상면 장흥리 남단과 마주보는 자리에 설치되어 있다. 이 돈대가 가지는 가장 특기할 만한 점은 강화도 51개의 돈대 가운데 유일하게 강화 본도 밖의 소도(小島)에 설치된 돈대라는 점이다. 그러나 많이 파괴되어 겨우 흔적만 알아볼 수 있고 지금은 본도와 동검도 사이에 방축이 놓여 있어 걸어서 건너갈 수 있다.

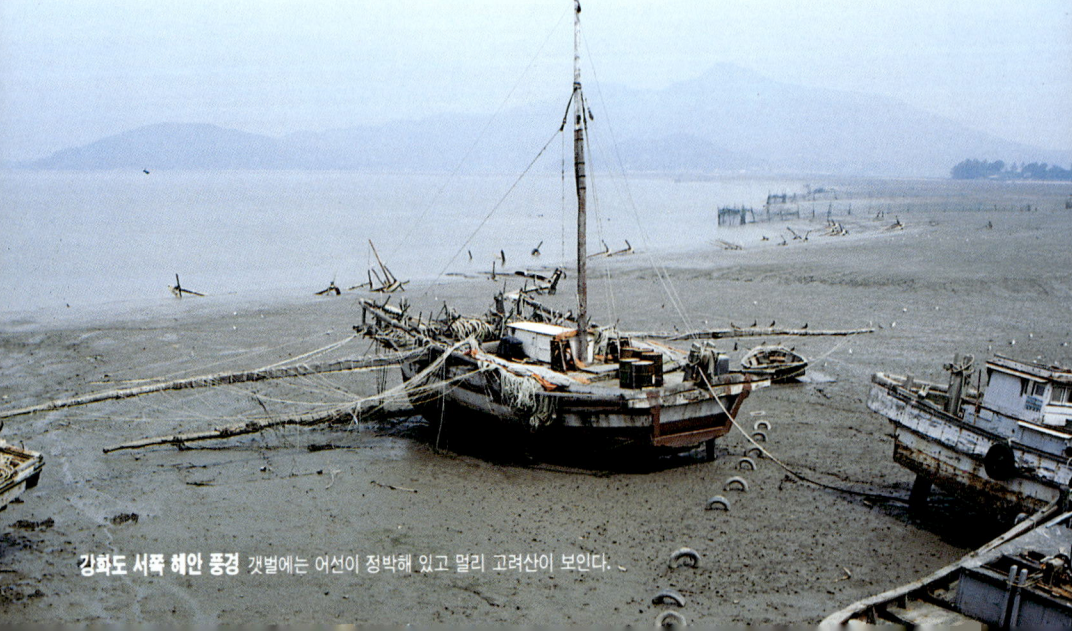

강화도 서쪽 해안 풍경 갯벌에는 어선이 정박해 있고 멀리 고려산이 보인다.

맺는 글

　1993년에 전해진 프랑스 미테랑 대통령의 '한국 도서 전적 반환' 소식은 마치 제2의 해방이라도 맞이한 것처럼 온국민의 가슴을 설레게 했고 또 흥분시켰다. 앞으로 더 두고 보아야 하겠지만 이렇게 되기까지에는 학자, 외교관, 언론인 등 여러 지식인들의 끊임없는 노력이 있었던 것이 사실이다.

　그러나 우리는 기뻐하고 흥분하기에 앞서 이 시점에서 무엇인가 잊고 있었던 일들이 있지 않나 되돌아보아야 할 것이다. 지금으로부터 120여 년 전 프랑스 군대에 의해 약탈당한 우리의 옛 도서 전적이 그만큼 중요하다면, 빼앗긴 도서 전적의 원래 위치나 그보다도 더 귀중한 도서 전적을 지키기 위해 치열하게 싸웠던 격전지며 원래의 보관 장소도 그에 못지않게 중요하지 않겠는가? 1866년 11월 9일 삼랑성에서 벌어진 한·불전쟁(병인양요) 당시 우리 아군이 프랑스 군대를 물리침으로써 오늘날 서울대학교 규장각에 국내에서 유일하게 보관되고 있는 『조선왕조실록』이 보존될 수 있었던 것이다. 그렇다면 왕조실록을 사수하기 위하여 전투가 벌어진 격전지와 당시에 그 실록을 보관했던 장소는 과연 어떤 대접을 받고 있는가?

　강화성 안에 있는 옛 고려궁 터를 그대로 사용한 조선조의 행궁 옆에 있었다고 하는 규장외각(외규장각)은 강화유수부의 동헌인 명위헌의 북쪽 또는 동쪽에 있었을 것이라고 설왕설래할 뿐 지금 그 자리를 정확히 알 수 없고 내력을 알 만한 표지도 없다. 또 그 자리의 중요성도 전혀 알려지지 않고 있다.

프랑스 국립도서관에 소장되어 있는 우리의 도서 전적이 그토록 소중하다면 그것이 있었던 규장외각의 원래 위치도 마땅히 소중하다 할 것이다. 프랑스 대통령이 강화의 규장외각 도서 반환이야 실현시킬 수 있을지 모르겠지만, 수많은 희생을 치르면서 그 도서를 보관하였던 사적지는 제대로 보존되지 않고 있는 것이 우리의 실정이다.

우리 국보 중의 국보인 『조선왕조실록』을 보관했던 정족산 사고지는 전등사 극락전 서쪽 50여 미터 지점에 철책을 치고 '장사각지(藏史閣址)'라고 쓴 안내판과 함께 잡초 속에 덩그러니 남아 있다. 그리고 조선 왕실 족보를 보관했던 '선원보각지(璿源寶閣址)' 역시 이와 마찬가지로 쓸쓸한 안내판만이 보는 이의 무관심을 부채질하고 있을 뿐이다. 게다가 이 장소마저도 아직 상세한 발굴 조사가 이루어지지 않은 실정이다. 더욱 한심한 것은 '장사각'과 '선원보각' 현판이 전등사 대조루 기념품 가게에 기념품과 함께 걸려 있다고 하는 사실이다.

민족의 성지(聖地)라고 하는 강화에는 그런 예가 얼마든지 있다. 양헌수 장군이 이끄는 조선군이 『조선왕조실록』과 조선 왕실 족보를 프랑스 군으로부터 지키기 위해 격렬한 전투를 벌였던 삼랑성(정족산성)의 동문은 지금 전등사 동문 출입구로 사용되면서 성벽의 밑뿌리가 잘린 채 주차장으로 사용되고 있다. 그뿐만 아니라 산성의 성벽은 등산객의 발길에 짓밟혀 부서지거나 무너져 내리고 있다.

단군의 세 아들이 처음으로 성을 쌓았다고도 하고 백제시대에 처음으로 쌓았다고도 전하는 삼랑성은 국가가 사적 제130호로 지정하였음에도 불구하고 산성의 크기가 1킬로미터라느니 2킬로미터라느니 또는 3킬로미터라느니 하면서 아직 정확한 규모조차 파악하지 못하고 있다.

고려 대몽(對蒙) 항쟁 기간에 고려의 도읍이었던 강화 도성을 둘러싸

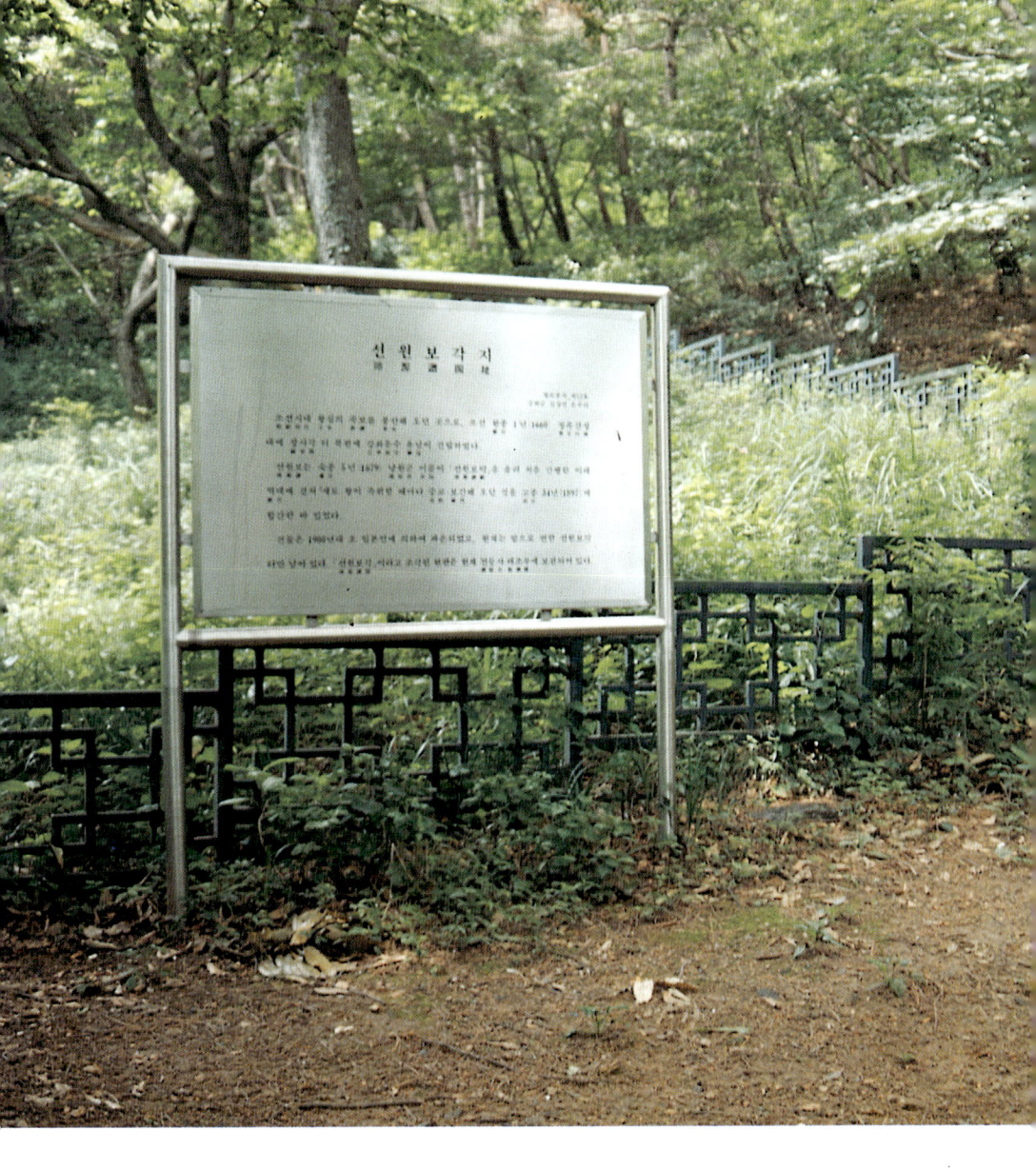

장사각과 선원보각 터 철책을 쳐서 조선시대 사적지로 표시하였으나 아직까지 자세한 발굴 조사가 없어 정확한 위치를 밝혀 내지 못하고 있다.

고 있던 중성, 외성도 그 위치는 물론 규모도 제대로 모르고 있다. 또 강화에서 고려 왕조를 지킨 고종의 왕릉인 홍릉을 비롯하여 4기의 고려 릉이 있으나, 홍릉 일대는 왕릉의 관리자인 경기도가 청소년 수련장을 만들어 사용하고 있어 도대체 어찌된 영문인지 알 수가 없다. 이와는 달리 강화군의 이웃인 김포군에 있는 조선조 인조의 생부인 정원군(定遠君; 뒤에 元宗으로 추존됨)의 묘소는 장릉(章陵)이라 봉릉(奉陵)되고 지금은 사적 제202호로 지정하여 국가가 '장릉지구사적관리사무소'를 두어 중앙(문화재관리국)에서 임명하는 임업 주사로 하여금 소장직을 맡기고 있다.

한·불전쟁으로 초토화되었던 강화성의 규모도 제대로 밝혀지지 않고 있지만, 이보다 더 안타까운 것은 조선 숙종 때에 축조된 진, 보, 돈대, 포대 등 71개소의 국방 유적 가운데 이미 43개소가 완전히 부서졌고, 6개소는 거의 부서진 실정이고 겨우 12곳만이 양호한 편이라는 점이다. 그나마 1976년과 1977년에 국가에서 복원 사업을 벌이면서 일부 완공한 10개소 전적지는 강화군수가 임명하는 지방 행정서기관이 소장을 맡고 있는 '강화군전적지관리사무소'에서 보호 관리하고 있다.

강화도는 단군의 성지(聖地)이며 호국의 성전(聖殿)이다. 이처럼 중요한 국가 사적을 개인의 관심과 노력으로 온전히 조사 연구하고 보존한다는 것은 불가능에 가깝다. 강화도 곳곳에 존재하는 선사시대로부터 근세에 이르는 소중한 문화 유산은 이제 국가가 관할하는 국가사적관리사무소 혹은 연구소 등 실질적으로 힘있고 책임 있는 기관이 발굴, 복원, 보호, 관리 연구해야 할 것이다.

강화도는 일개 관광지에 머무는 것이 아니라 섬 전체가 하나의 성지(聖地)요, 성전(聖殿)이다.

부록

1. 강화도 고인돌 무덤 일람표
2. 강화도 국방 유적
3. 강화의 문화재 지정 현황

부록 1. 강화도 고인돌 무덤 일람표

고인돌 무덤 소재지/형식/재료/소유자/비고

1. 송해면 하도리 613번지 A호 고인돌 무덤, 남방식, 흑운모편마암, 이채정(李采正) 씨 임야

2. 송해면 하도리 613번지 B호 고인돌 무덤 남방식, 흑운모편마암, 이채정 씨 임야

3. 송해면 하도리 618-2번지 고인돌 무덤, 남방식, 흑운모편마암, 김만선(金晩善) 씨 밭

4. 송해면 하도리 187-1번지 A호 고인돌 무덤, 북방식, 화강편마암, 김은기(金銀基) 씨 밭, 1916년 일본인 이마니시(今西龍) 조사시 No. 1

5. 송해면 하도리 187-1번지 B호 고인돌 무덤, 북방식, 화강편마암, 김은기 씨 밭, 1916년 일본인 이마니시 조사시 No.3

6. 송해면 하도리 187-1번지 C호 고인돌 무덤, 북방식, 화강편마암, 김은기 씨 밭, 1916년 일본인 이마니시 조사시 No.4, 현재 파괴

7. 송해면 하도리 187-1번지 D호 고인돌 무덤, 북방식, 화강편마암, 김은기 씨 밭, 1916년 일본인 이마니시 조사시 No.5

8. 송해면 상도리 황촌 마을 A호 고인돌 무덤, 남방식, 화강편마암

9. 송해면 상도리 황촌 마을 B호 고인돌 무덤, 남방식, 화강편마암

10. 송해면 상도리 황촌 마을 C호 고인돌 무덤, 남방식, 화강편마암

11. 송해면 상도리 황촌 마을 D호 고인돌 무덤, 북방식, 흑운모편마암

12. 송해면 상도리 황촌 마을 E호 고인돌 무덤, 북방식, 흑운모편마암, 파괴, 굄돌 1장만 남아 있음.

13. 강화읍 대산동 1189번지 고인돌 무덤, 북방식, 흑운모편마암, 김윤회(金允會) 씨 밭

14. 하점면 부근리 317번지 고인돌 무덤, 북방식, 흑운모편마암, 국유, 사적 제 137호(1964년 지정), 총높이 260센티미터

15. 하점면 부근리 320-1번지 A호 고인돌 무덤, 북방식, 흑운모편마암, 김태려 씨 소유, 은행나무 묘포, 굄돌 1장만 남아 있음.

16. 하점면 부근리 320-1번지 B호 고인돌 무덤, 북방식, 흑운모편마암, 김태려 씨 소유, 은행나무 묘포, 굄돌로 보이는 판석이 누워 있음

17. 하점면 부근리 320 - 1번지 C호 고인돌 무덤, 북방식, 흑운모편마암, 김태려 씨 소유, 은행나무 묘포, 굄돌로 보이는 판석이 누워 있음.

18. 하점면 부근리 산 88번지 A호 고인돌 무덤, 북방식, 화강편마암, 안효선(安孝善) 씨 임야

19. 하점면 부근리 산 88번지 B호 고인돌 무덤, 화강편마암, 안효선 씨 임야

20. 하점면 부근리 7번지 고인돌 무덤, 남방식, 화강편마암, 고동희(高東熙) 씨 임야, 상면에 끌〔釘〕 자국이 있음.

21. 하점면 부근리 8번지 고인돌 무덤, 남방식, 흑운모편마암, 김씨문중 임야, 장축으로 반이 잘려 나감.

22. 하점면 부근리 247번지 A호 고인돌 무덤, 북방식, 흑운모편마암, 새마을회관, 총높이 82센티미터

23. 하점면 부근리 247번지 B호 고인돌 무덤, 북방식, 흑운모편마암, 새마을회관

24. 하점면 부근리 247번지 C호 고인돌 무덤, 남방식, 흑운모편마암, 새마을회관, 땅에 묻혀 있음.

25. 하점면 부근리 236번지 고인돌 무덤, 남방식, 화강편마암, 박대원 씨 집, 반이 잘려 나감.

26. 하점면 부근리 743-4번지 고인돌 무덤, 북방식, 흑운모편마암, 황희원 씨 밭, 대지가 파괴되어 쓰레기장으로 사용되고 있음, 총높이 185센티미터

27. 하점면 삼거리 소동 마을 A호 고인돌 무덤, 북방식

28. 하점면 삼거리 소동 마을 B호 고인돌 무덤, 북방식, 1966년 국립박물관에서 5기 발굴

29. 하점면 삼거리 소동 마을 C호 고인돌 무덤, 북방식

30. 하점면 삼거리 소동 마을 D호 고인돌 무덤, 북방식, 파괴가 심함.

31. 하점면 삼거리 소동 마을 E호 고인돌 무덤, 남방식

32. 하점면 삼거리 소동 마을 F호 고인돌 무덤, 남방식, 파괴

33. 하점면 삼거리 소동 마을 G호 고인돌 무덤, 남방식, 굄돌은 지하에 묻혀 있음.

34. 하점면 삼거리 소동 마을 H호 고인돌 무덤, 북방식

35. 하점면 삼거리 소동 마을 I호 고인돌 무덤, 남방식, 파괴, 굄돌과 덮개돌이 땅에 묻혀 있음.

36. 하점면 삼거리 소동 마을 J호 고인돌 무덤, 북방식, 흔적만 남아 있음.

37. 하점면 삼거리 천촌 마을 A호 고인돌 무덤, 남방식

38. 하점면 삼거리 천촌 마을 B호 고인돌 무덤, 남방식, 흑운모편마암

39. 하점면 삼거리 천촌 마을 C호 고인돌 무덤, 남방식, 흑운모편마암

40. 하점면 삼거리 천촌 마을 D호 고인돌 무덤, 남방식, 흑운모편마암, 북쪽이 땅에 묻힘.

41. 하점면 삼거리 천촌 마을 E호 고인돌 무덤, 남방식, 흑운모편마암, 회나무에 박힘.

42. 하점면 삼거리 천촌 마을 F호 고인돌 무덤, 남방식, 흑운모편마암, 이희대(李喜大) 씨 집 담에 박힘.

43. 하점면 삼거리 912번지 고인돌 무덤, 화강편마암, 이희대 씨 집 담장에 기대있음.

44. 하점면 삼거리 932번지 고인돌 무덤, 화강편마암, 이희돈(李喜敦) 씨 집 담장 속에 있음.

45. 하점면 삼거리 천촌 마을 앞선 능선 A호 고인돌 무덤, 북방식, 화강편마암

46. 하점면 삼거리 천촌 마을 앞선 능선 B호 고인돌 무덤, 북방식, 화강편마암

47. 하점면 삼거리 천촌 마을 앞선 능선 C호 고인돌 무덤, 북방식, 화강편마암, 『한국지석묘연구』에 사진만 소개됨, 성혈(性穴)이 있음.

48. 하점면 삼거리 천촌 마을 앞선 능선 D호 고인돌 무덤, 북방식, 화강편마암

49. 하점면 삼거리 천촌 마을 앞선 능선 E호 고인돌 무덤, 북방식, 화강편마암, 덮개돌 일부가 땅에 묻혀 있음.

50. 하점면 삼거리 천촌 마을 앞선 능선 F호 고인돌 무덤, 북방식, 흑운모편마암, 해발 약 200미터 고지에 있음.

51. 하점면 삼거리 샘골 A호 고인돌 무덤, 북방식, 파괴

52. 하점면 삼거리 샘골 B호 고인돌 무덤, 남방식

53. 하점면 삼거리 샘골 C호 고인돌 무덤, 남방식, 화강편마암, 일부가 화장실 벽 속에 묻혀 있음.

54. 하점면 삼거리 샘골 D호 고인돌 무덤, 남방식

55. 하점면 삼거리 샘골 E호 고인돌 무덤, 북방식, 굄돌, 2개가 밭둑에 박혀 있음.

56. 하점면 삼거리 524-1번지 고인돌 무덤, 북방식, 화강편마암, 해발 5미터 정도의 논바닥에 있음. 총높이 245미터, 강화군 향토사적 제26호

57. 내가면 오상리 125번지 A호 고인돌 무덤, 북방식, 흑운모편마암, 총높이 95 센티미터, 경기도 기념물 제9호

58. 내가면 오상리 125번지 B호 고인돌 무덤, 북방식, 흑운모편마암, 파괴

59. 내가면 오상리 125번지 C호 고인돌 무덤, 북방식, 흑운모편마암, 파괴

60. 내가면 오상리 125번지 D호 고인돌 무덤, 북방식, 흑운모편마암, 파괴

61. 내가면 오상리 125번지 E호 고인돌 무덤, 북방식, 흑운모편마암, 파괴

62. 내가면 오상리 125번지 F호 고인돌 무덤, 흑운모편마암, 파괴

63. 내가면 오상리 125번지 G호 고인돌 무덤, 북방식, 흑운모편마암, 파괴

64. 내가면 오상리 125번지 H호 고인돌 무덤, 북방식, 흑운모편마암, 파괴

65. 내가면 오상리 125번지 I호 고인돌 무덤, 남방식, 흑운모편마암, 파괴, 이동

66. 하점면 이강리 394번지 고인돌 무덤, 북방식, 흑운모편마암, 전기봉(全起鳳) 씨 밭

67. 하점면 이강리 366번지 고인돌 무덤, 북방식, 화강편마암, 박씨문중 임야, 파 괴되어 흩어져 있음.

68. 하점면 신봉리 297-3번지 고인돌 무덤, 남방식, 화강편마암, 이희병(李喜炳) 씨 밭

69. 양사면 교산리 622번지 뒷산 고인돌 무덤, 남방식, 흑운모편마암

70. 양사면 교산리 650번지 뒷산 능선 A호 고인돌 무덤, 북방식, 흑운모편마암

71. 양사면 교산리 650번지 뒷산 능선 B호 고인돌 무덤, 남방식, 흑운모편마암

72. 양사면 교산리 650번지 뒷산 능선 C호 고인돌 무덤, 남방식, 흑운모편마암

73. 양사면 교산리 650번지 뒷산 능선 D호 고인돌 무덤, 남방식, 흑운모편마암

74. 양사면 교산리 650번지 뒷산 능선 E호 고인돌 무덤, 남방식, 흑운모편마암

75. 양사면 교산리 650번지 뒷산 능선 F호 고인돌 무덤, 북방식, 흑운모편마암

76. 양사면 교산리 650번지 뒷산 능선 G호 고인돌 무덤, 남방식, 흑운모편마암

77. 양사면 교산리 744번지 A호 고인돌 무덤, 남방식, 흑운모편마암, 조창환 씨 밭

78. 양사면 교산리 744번지 B호 고인돌 무덤, 남방식, 흑운모편마암

79. 양사면 교산리 744번지 A호 고인돌 무덤, 남방식, 흑운모편마암, 김용한 씨 밭

80. 양사면 교산리 744번지 B호 고인돌 무덤, 남방식, 흑운모편마암

부록 2. 강화도 국방 유적

진(이름/설치 연대/소재지/관할/배치/현재 상태)
1. 월곶진, 효종 7년(1656), 강화읍 월곶리, 4개돈 관할, 교동서 옮김, 군수품 배치, 양호
2. 제물진, 효종 7년(1656), 강화읍 갑곶리, 4개돈 관할, 군수품 배치, 복원
3. 용진진, 효종 7년(1656), 선원면 연리, 3개돈 관할, 군수품 배치, 완파
4. 덕진진, 현종 7년(1666), 불은면 덕성리, 3개돈 관할, 군수품 배치, 완파
5. 초지진, 효종 7년(1666), 길상면 초지리, 3개돈 관할, 군수품 배치, 복원

보(이름/설치 연대/소재지/관할/배치/현재 상태)
1. 광성보, 효종 9년(1658), 불은면 덕성리, 3개돈 관할, 군수품 배치, 복원
2. 선두보, 숙종 32년(1706), 길상면 선두리, 3개돈 관할, 군수품 배치, 완파
3. 장곶보, 숙종 2년(1676), 화도면 장화리, 4개돈 관할, 군수품 배치, 완파
4. 정포보, 현종 7년(1666), 내가면 외포리, 4개돈 관할, 군수품 배치, 완파
5. 인화보, 효종 7년(1656), 양사면 인화리, 5개돈 관할, 군수품 배치, 완파
6. 철곶보, 효종 7년(1656), 양사면 철산리, 5개돈 관할, 군수품 배치, 완파
7. 승천보, 효종 7년(1656), 양사면 철산리, 5개돈 관할, 군수품 배치, 완파

돈(이름/설치 연대/소재지/관할/배치/현재 상태)
1. 적북돈, 숙종 5년(1679), 강화읍 대산리, 완파
2. 휴암돈, 숙종 5년(1679), 강화읍 월곶리, 완파
3. 월곶돈, 숙종 5년(1679), 강화읍 월곶리, 완파
4. 옥창돈(옥포돈), 숙종 5년(1679), 강화읍 월곶리, 완파
5. 망해돈, 숙종 5년(1679), 강화읍 월곶리, 완파
6. 제승돈, 숙종 5년(1679), 강화읍 월곶리, 완파
7. 염주돈, 숙종 5년(1679), 강화읍 갑곶리, 완파
8. 갑곶돈, 숙종 5년(1679), 강화읍 갑곶리, 복원
9. 가리산돈(더리미돈), 숙종 5년(1679), 선원면 신정리, 완파
10. 좌강돈, 숙종 5년(1679), 선원면 연리, 완파
11. 용당돈, 숙종 5년(1679), 선원면 연리, 반파

12. 화도돈, 숙종 5년(1679), 불은면 넙성리, 완파

13. 오두돈(오두정돈), 숙종 5년(1679), 불은면 오두리, 양호

14. 광성돈, 숙종 5년(1679), 불은면 덕성리, 복원

15. 용두돈, 숙종 5년(1679), 불은면 덕성리, 복원

16. 덕진돈, 숙종 5년(1679), 불은면 덕성리, 복원

17. 초지돈, 숙종 5년(1679), 길상면 초지리, 복원

18. 장자평돈, 숙종 5년(1679), 길상면 선두리, 완파

19. 섬암돈, 숙종 5년(1679), 길상면 선두리, 완파

20. 택지돈, 숙종 5년(1679), 길상면 선두리, 완파

21. 동검북돈(소검도돈), 숙종 5년(1679), 길상면 선두리, 반파

22. 후애돈, 숙종 5년(1679), 길상면 선두리, 완파

23. 양암돈, 숙종 5년(1679), 길상면 선두리, 폐지

24. 갈곶돈, 숙종 5년(1679), 화도면 사기리, 폐지

25. 분오리돈, 숙종 5년(1679), 화도면 동막리, 양호

26. 송곶돈, 숙종 5년(1679), 화도면 동막리, 반파

27. 미곶돈, 숙종 5년(1679), 화도면 동막리, 양호

28. 북일곶돈(북일돈), 숙종 5년(1679), 화도면 흥왕리, 양호

29. 장곶돈, 숙종 5년(1679), 화도면 장화리, 양호

30. 금암돈, 숙종 5년(1679), 양도면 능내리, 완파

31. 송강돈(선수돈), 숙종 5년(1679), 양도면 내리, 양호

32. 굴암돈, 숙종 5년(1679), 양도면 건평리, 양호

33. 건평돈, 숙종 5년(1679), 양도면 건평리, 양호

34. 망양돈, 숙종 5년(1679), 내가면 외포리, 반파

35. 삼암돈(삼삼암돈), 숙종 5년(1679), 내가면 황청리, 양호

36. 석각돈, 숙종 5년(1679), 내가면 황청리, 완파

37. 계룡돈, 숙종 5년(1679), 내가면 황청리, 완파

38. 망월돈, 숙종 5년(1679), 하점면 망월리, 반파

39. 무치돈, 숙종 5년(1679), 하점면 창후리, 반파

40. 인화돈, 숙종 5년(1679), 양사면 인화리, 완파

41. 광암돈, 숙종 5년(1679), 양사면 인화리, 완파

42. 구등돈(구릉곶돈), 숙종 5년(1679), 양사면 인화리, 완파

43. 작성돈, 숙종 5년(1679), 양사면 인화리, 완파
44. 초루돈, 숙종 5년(1679), 양사면 인화리, 완파
45. 불암돈, 숙종 46년(1720), 양사면 교산리, 양호
46. 의두돈, 숙종 5년(1679), 양사면 철산리, 양호
47. 철북돈, 숙종 44년(1718), 양사면 북성리, 완파
48. 천진돈, 숙종 5년(1679), 양사면 철산리, 완파
49. 석우돈, 숙종 5년(1679), 송해면 당산리, 완파
50. 빙현돈, 숙종 44년(1718), 송해면 당산리, 완파
51. 소우돈, 숙종 5년(1679), 송해면 숭뢰리, 완파
52. 숙용돈, 숙종 5년(1679), 송해면 숭뢰리, 양호
53. 낙성돈, 숙종 5년(1679), 강화읍 대산리, 완파

포대(이름/설치 연대/소재지/관할/배치/현재 상태)
1. 황산포대, 고종 8년(1871), 길상면 초지리 대황산도, 대포 6문, 완파
2. 진남포대, 고종 8년(1871), 길상면 초지리, 대포 12문, 완파
3. 남장포대, 고종 8년(1871), 불은면 덕성리, 대포 10문, 복원
4. 오두정포대, 고종 8년(1871), 불은면 오두리, 대포 6문, 완파
5. 사망금포대, 고종 8년(1871), 선원면 연리, 대포 6문, 완파
6. 용진포대, 고종 8년(1871), 선원면 지산리, 대포 8문, 완파
7. 갑곶포대, 고종 8년(1871), 강화읍 갑곶리, 대포 8문, 복원
8. 인화성포대, 고종 8년(1871), 양사면 인화리, 대포 8문, 완파

봉수(이름/통신)
1. 대포산봉수, 김포 약산과 강화 진강산으로 연락, 군인 16명
2. 진강산봉수, 대모산과 내가면 덕산으로 연락
3. 하음산봉수, 교동 화개산과 강화 남산으로 연락(일명 봉천대)
4. 남산봉수, 봉천산과 통진 남산으로 연락, 전라, 충청, 통진에서 받음
5. 덕산봉수, 강화 진강산과 교동 화개산으로 연락
6. 화개봉수, 내가덕산과 화음산으로 연락
7. 수정산봉수, 연백 간원산과 그곳 각 산에서 연락(교동 산명)
8. 진망산봉수, 장봉에서 볼음도를 거쳐 말도로 하여 이곳 본부로 연락

요망대(이름/요망자 숫자)

1. 말도요망대, 요망장 1, 요망군 10명
2. 볼음도요망대, 요망장 1, 요망군 10명
3. 어류정요망대, 요망장 1, 요망군 10명
4. 황산도요망대, 요망장 1, 요망군 10명

부록 3. 강화의 문화재 지정 현황(괄호안은 소계)

지정 번호/명칭/소유자(보유자)/소재지/지정 연월일/관리 단체

보물(8)

제10호, 강화 하점면 5층석탑, 국유, 하점 장정리 산 193, 1963. 1. 21., 강화군
제11호, 강화 동종, 국유, 강화 관청리 416, 1963. 1. 21., 강화군
제161호, 정수사 법당, 정수사, 화도 장화리 467-3, 1963. 1. 21., 정수사
제178호, 전등사 대웅전, 전등사, 길상 온수리 635, 1963. 1. 21., 전등사
제179호, 전등사 약사전, 전등사, 길상 온수리 635, 1963. 1. 21., 전등사
제393호, 전등사 범종, 전등사, 길상 온수리 635, 1963. 9. 2., 전등사
제615호, 하점면 석조 여래상, 국유, 하점 장정리, 1978. 3. 8., 강화군
제994호, 백련사 철조 아미타불 좌상, 백련사, 하점 부근리 231, 1989. 4. 10.,
　　　　백련사

사적(14)

제130호, 삼랑성, 국유, 길상 온수리 산 141, 1964. 6. 10., 강화군
제132호, 강화산성, 국유, 강화 국화리 산 3, 1964. 6. 10., 강화군
제133호, 강화 고려궁지, 국유, 강화 관청리 743, 1964. 6. 10., 강화군
제136호, 첨성단, 국유, 화도 흥왕리 산 42-1, 1964. 7. 11., 강화군
제137호, 강화 지석묘, 국유, 하점 부근리 316, 1964. 7. 11., 강화군
제224호, 고려 고종 홍릉, 국유, 강화 국화리 산 129-2, 1971. 12. 28., 강화군
제225호, 초지진, 국유, 길상 초지 624, 1971. 12. 28., 강화군
제226호, 덕진진, 국유, 불은 덕성 373, 1971. 12. 28., 강화군

제227호, 광성보, 국유, 불은 덕성리 23-1, 1971. 12. 28., 강화군

제259호, 강화 선원사지, 국유, 선원 지산리 692-1, 1971. 11. 29., 강화군

제306호, 갑곶돈, 국유, 강화 갑곶리 1028, 1984. 8. 13., 강화군

제369호, 석릉, 국유, 양도 길정리 산 182, 1992. 3. 2., 강화군

제370호, 가릉, 국유, 양도 능내리 산 16-2, 1992. 3. 2., 강화군

제371호, 곤릉, 국유, 양도 길정리 산 75, 1992. 3. 2., 강화군

천연기념물(3)

제78호, 강화 갑곶리 탱자나무, 국유, 강화 갑곶리 1016, 1962. 12. 3., 강화군

제79호, 강화 화도 사기리 탱자나무, 국유, 화도 사기리 135-2, 1962. 12. 3.,
        강화군

제304호, 강화 서도면 볼음도리 은행나무, 사유, 서도 볼음도리산 186,
        1982. 11. 4., 강화군

인천광역시 유형문화재(12)

제20호, 용흥궁, 국유, 강화 관청리 441, 1972. 7. 3., 강화군

제21호, 충열사, 사유, 선원 선행리 371, 1972. 7. 3., 강화군

제24호, 연미정, 사유, 강화 월곶리 242, 1972. 7. 3., 황우복

제25호, 강화유수부 동헌, 국유, 강화 관청리 743, 1973. 7. 20., 강화군

제26호, 강화유수부 이방청, 국유, 강화 관청리 743, 1973. 7. 10., 강화군

제27호, 보문사 석실, 보문사, 삼산 매음리 629-1, 1974. 9. 26., 보문사

제28호, 교동 향교, 사유, 교동 읍내리 148, 1974. 9. 28., 향교재단

제29호 보문사 마애석불좌상, 보문사, 삼산 매음리 629-1, 1975. 9. 5., 보문사

제30호, 강화석수문, 국유, 강화 관청리 서문, 1975. 9. 15., 성공회

제31호, 성공회 강화성당, 사유, 강화 관청리 250, 1975. 9. 15., 성공회

제33호, 택지돈대, 국유, 길상 선두 954, 1995. 11. 14., 강화군

제34호, 강화 향교, 향교, 강화 관청 938-2, 1995. 11. 14., 향교 재단

인천광역시 기념물(19)

제15호, 이규보 선생 묘, 사유, 길상 길직리 산 15, 1972. 7. 3., 이씨종중

제16호, 내가 지석묘, 국유, 내가 오상리 산 125, 1972. 7. 3., 강화군

제17호, 보문사 향나무, 보문사, 삼산 매음리 678, 1981. 7. 16., 보문사

제18호, 봉천대, 국유, 하점 신봉리 산 63, 1972. 7. 3., 강화군

제19호, 장곶돈, 국유, 화도 장화리 산 113, 1972. 7. 3., 강화군

제20호, 강화 전성, 국유, 불은 오두리 362, 1972. 7. 3., 강화군

제22호, 계룡돈, 국유, 내가 황청 282, 1974. 9. 26., 강화군

제23호, 교동 읍성 6, 국유, 교동 읍내리 577, 1974. 9. 26., 강화군

제24호, 천재암(궁)지, 강화군, 화도 문산리 산 13, 1988. 7. 21., 강화군

제25호, 갑곶나루 선착장 석축로, 강화군, 강화 갑곶리, 1988. 3. 4., 강화군

제26호, 허유전묘, 사유, 불은 두운리 297, 1988. 12. 2., 허씨문중

제27호, 강화 인산리 석실분, 강화군, 강화 양도 인산, 1993. 6. 3., 강화군

제28호, 강화 능내리 석실분, 강화군, 강화 양도 능내, 1993. 6. 3., 강화군

제29호, 이건창 묘, 국유, 양도 건평지 655-1, 1994. 10. 29., 강화군

제30호, 이건창 생가, 국유, 화도사기리 167-3, 1994. 10. 29., 강화군

제31호, 강화 대산리 지석묘, 국유, 강화 대산리 1189, 1994. 10. 29., 강화군

제32호, 강화 부근리 점골 지석묘, 국유, 하점 부근리 743-4, 1994. 10. 29.,
　　　　강화군

제35호, 김상용순절비, 국유, 강화 관청리 416, 1972. 5. 4., 강화군

제36호, 양헌수승전비, 국유, 길상 온수리 산 42, 1972. 5. 4., 전등사

인천광역시 문화재자료(8)

제7호, 전등사 대조루, 길상 온수리 635, 1983. 9. 19., 전등사

제8호, 철종외가, 선원 냉정리 264, 1983. 9. 19., 염국명

제9호, 원충사지, 하점 이강리 산 177, 1983. 9. 19., 강화군

제10호, 선수돈, 화도 내리 1831, 1983. 9.19., 강화군

제11호, 망월돈 및 장성, 하점 망월리 2106, 1983. 9.19., 강화군

제13호, 참성단중수비, 화도 흥왕리, 1997. 7. 14., 강화군

제14호, 강화 서도 중앙교회, 서도 주문리, 1997. 7. 14., 중앙교회

제15호, 강화 온수리 성공회, 길상 온수리, 1997. 7. 14., 성공회

인천광역시 무형문화재(1)

제8호, 보문사 맷돌, 참산 매음리 629-1, 1995. 3. 1., 보문사

참고 문헌

『高麗史』권10 地理志, 권88 列傳

『世宗實錄』권184 地理志 江華都護府

『肅宗實錄』권7, 8.

『新增東國輿地勝覽』권12 江華

『輿地圖書』(上) 江華府

『大東地志』권3 江華府

金魯鎭 『江華府志』1783.

朴憲用 編 『續修增補江都志』1932.

강화군 『강화도문화재』1982.

강화군 『제32회통계연보』1992.

강화군 공보실 『문화재관리상황카드』1992.

강화사편찬위원회 『증보강화사』, 강화문화원, 1988.

경기도 『기내사원지』경기도, 1988.

경기도 문화예술과 『경기문화재대관』경기도지정편, 경기도, 1990.

경기도사편찬위원회 『경기도사』제1권, 1979.

국사편찬위원회 『한국사』7(고려), '무신정권과 대몽항쟁', 1973.

_____ 『사고지조사보고서』1986.

김상호 『한강 하류의 저위침식면지형연구』서울대학교출판부, 1966.

김원모 '로즈함대의 래침과 양헌수의 접전(1866)'『동양학』13, 1983.

김재원, 윤무병 『한국지석묘연구』국립박물관, 1967.

동국대학교 『강화도학술조사보고서』동국대학교출판부, 1977.

동아일보 '강화도 남쪽 개펄 해양 생태 보고'『동아일보』1992. 6. 8.

문화재관리국 『강화전사유적보수정화지』문화재관리국, 1978.

_____ 『문화재대관』사적편, 문화공보부, 1975.

문화재연구소 『문화유적총람』(상) 1974.

박광성 '병자란 후의 강화도 방비구축'『기전문화연구』3, 1973.

박병선 『조선조의 의궤-파리 소장본과 국내 소장본의 서지학적 비교검토』
한국정신문화연구원, 1985.

서인한 『병인, 신미양요사』국방부 전사편찬위원회, 1989.

유홍렬 『증보한국천주교회사』(하), 카톨릭출판사, 1990.

이기백 『한국사신론』신수판, 일조각, 1990.

_____ 『한국사 시민강좌』제8집 '고려의 무인정권', 1991.

이병도 『한국사』중세편, 을유문화사, 1961.

이선근 『대원군의 시대』세종대왕기념사업회, 1981.

이원근 외 『한국의 성곽과 봉수』(상) 한국보이스카우트연맹, 1989.

이찬, 손명원 '경기도 민통선북방지역의 자연지리적 고찰'『민통선북방지역자
　　　　　　원조사보고』경기도, 1987.

이형구 '발해연안지구 요동반도의 고인돌 무덤 연구'『정신문화연구』32,
　　　　1987. 5.

_____ 『강화도 고인돌 무덤(지석묘) 조사연구』한국정신문화연구원, 1992.

임경빈 『천연기념물』(식물편) 대원사, 1993.

장명수 '강화 동막리 빗살무늬 토기의 유적과 유물'『고문화』30, 1987.

정양완, 심경호 『강화학파의 문학과 사상』(1) 한국정신문화연구원, 1993.

한국불교연구원 『전등사』일지사, 1989.

한국정신문화연구원 『국역병와집』(3) '강도지(1696)', 1990.

　　　　　　　　　　『한국구비문학대계』(1-7) 경기도 강화군편, 1982.

　　　　　　　　　　『한국민족문화대백과사전』(1) '강화', 1988.

홍재현 편 『강도의 발자취』강화문화원, 1990.

三上次男 『朝鮮原始墳墓の研究』吉川弘文館, 1961.

有光教一 『朝鮮櫛目文土器の研究』東京大學文學部, 1962.

朝鮮總督府 編 『朝鮮古蹟調査報告－大正 5年度』1916.

빛깔있는 책들 301-18

강화도

글 / 이형구
사진 / 이형구
발행인 / 김남석
발행처 / 주식회사 대원사

편집이사 / 김정옥
전   무 / 정만성
영업부장 / 이현석

첫 판 1쇄 —1994년 7월 26일 발행
첫 판 6쇄 —2003년 1월 30일 발행
재 판 1쇄 —2011년 7월 30일 발행

135-940 서울 강남구 일원동 640-2
전화번호/(02) 757-6717~9
팩시밀리/(02) 775-8043
등록번호/제 3-191호
http://www.daewonsa.co.kr

잘못된 책은 서점에서 바꿔 드립니다.

책값/8500원

Daewonsa Publishing Co., Ltd.
Printed in Korea(1994)

ISBN 978-89-369-0153-0 00980

빛깔있는 책들

민속(분류번호:101)

고미술(분류번호:102)

불교 문화(분류번호:103)

음식 일반(분류번호:201)

건강 식품 (분류번호: 202)

즐거운 생활 (분류번호: 203)

건강 생활 (분류번호: 204)

한국의 자연 (분류번호: 301)

미술 일반 (분류번호: 401)

역사 (분류번호: 501)